設計人必知法律課

必知

法律白話文運動———著

為設計人減少法律糾紛
與降低法律風險

在我生長的時代，對於家的想像有很多種不同的面貌，有人認為家是一個能夠遮風避雨的避風港；有人則認為家是一個獨立的展現，當不再寄居父母之下，也不用每年擔心房東會不會都更或漲租而需要再度漂泊；也有人認為，能展現喜好並讓自己感到自在舒適之處便是家。

但無論對於家的定義為何，在追尋的過程中，大多數人都認為，如果有更多事能夠不必自己煩惱那就好了，而其中，室內設計師便是一個能夠大幅降低困擾並滿足需求的幫手。

因此，在撰寫這本書的過程中，我和作者們都很重視一件事：**要讓法律不要成為負擔，讓設計師能夠專注發揮所長，並減輕尋家者們的壓力。**

在這本書中，我們設想在各種居住的情境下，室內設計師面臨不同的專案背景與需求時，可能會遇到的各式法律問題，希望能夠盤點出所有可能會發生的法律風險，讓設計師們清楚明白自己的權利義務，進而避免可能發生的法律糾紛和爭執。

我們希望透過這本書的內容，能讓協助業主完成夢想的設計師和透過專業技能連結業主期待與設計師作品的專業技師們，都能夠在打造一個家的過程中，專注於自己工作上，而不須為了法律規範與實務而提心吊膽。

　　我和團隊們一直相信，法律最能發揮用處的時機，是在於風險的預防以及認知落差的消弭，透過這本書的內容，我們期待能夠在為家進行室內設計與裝修的過程中，讓各方角色都站在同樣的溝通基準上，以相關的法律知識為輔，在了解風險、責任、權利與義務後，一同完成這項影響大家收入、財產以及心情的重大工程，而不要因為事前權利義務約定的不對等和各項條件的認知落差，讓雙方投入的心力受到減損。

法律白話文運動 徐書磊

CONTENTS

Chapter 03　施工驗收的各種保障

Chapter 01

開業經營前，
知己知彼的
萬全準備

Q01 做室內設計／裝修 一定有要證照嗎？

故事情境

　　高中就讀美術科的大衛，在畢業之際，對自己的人生感到茫然，但也無心與身邊的朋友一起繼續向上求學，於是接受了爸爸的提議，認自己的父親為師傅，一腳踏入了裝潢業，爸爸也完全不藏私地把所有秘辛都傳承給大衛。藉由爸爸手把手地傳授技術以及長年累積下來的人脈，在爸爸退休後，獨當一面的大衛也仍然擁有大批的客戶。

　　這天，長年支持的客戶介紹了新客珊珊給大衛，做事謹慎的珊珊在做決定前總是會上網爬文找資料，一找發現，大衛並沒有相關的證照，雖然大衛這樣做了 10 幾年也沒有鬧出什麼工程糾紛，但珊珊還是向大衛提出這個質疑，大衛則回應：「我們家歷年來都這樣也沒什麼問題，個人工作室借個牌還是可以安心施工，重要的當然是技術啊！」究竟，有沒有證照這件事情重要嗎？

A： 取得建築物室內裝修業登記證才能合法經營室內設計公司，
設計許可證、裝修許可證、建築師執照大不同。

解 析

　　首先，臺灣的證照制度粗略可以分為兩種：第一種是由考試院所掌理的**「專門職業及技術人員」**，是指「與公共利益或人民之生命、身體、財產等權利有密切關係」有關的職業，也因此對於這種職業的管理也較為嚴格，必須要有完整的職業管理制度及健全的職業組織以維護相關產業人員的品質，屬於這類型職業的包括律師、醫師、建築師、會計師等；第二種則為由行政院勞工委員會所掌理的**「技術士證」**，其設立目的是為了提升社會整體的技能水準，就與公共安全有關的產業，更規定必須要僱用一定比率的技術士。

　　而以室內設計／裝修的相關產業而言，前者可以進入的人員為「建築師」，其考試資格限制較多，必須是相關科系畢業或是修過相關學分才可以，畢竟社會對於建築師的期待就與公共安全高度相關；後者為取得「室內設計／裝修證照」者，其應考資格則相對較寬鬆，以可以開業、統包的乙級室內裝修證照而言，大學不需要是相關科系也可以參加檢定考試，高中職則需要相關工作兩年以上，若是國民義務教育結束即投入職場者，則根據其所接受的訓練時數不同，而有年限不同的相關工作經驗的限制。

　　又就關於技術士的部分，在臺灣是採取分開控管的制度，技術士證的取得是由「勞動部」主管，其考試制度係採及格制，並沒有限制合格的人數或是比例，所代表的是「證明取得該證照的人有這樣的技術資格」的意思；而得否進入就業市場，則是由「內政部」所管控，**以室內設計／裝修為例，真的要進入市場競爭，就必須要取得「室內裝修專業技術人員登記證」。**

沒有證照可以開始敲敲打打嗎？ 🔍

　　原則上，沒有證照是不可以獨當一面地從事設計或是裝修業務的，否則將會視情節輕重予以警告、6 個月以上 1 年以下停止室內裝修業務處分或 1 年以上 3 年以下停止換發登記證的處分。

　　首先，法律上認定的「室內裝修」，範圍包括：「固著於建築物構造體的天花板裝修」、「內部牆面裝修」、「高度超過地板面以上 1.2 公尺固定的隔屏或兼作櫥櫃使用的隔屏裝修」、「分間牆變更」這些必須要動到房屋結構本身的工程，施作的人需要先考取國家認證的證照，成為專業技術人員，才有資格施作。

　　而像是壁紙、壁布、窗簾、家具、活動隔屏、地氈等之黏貼及擺設則是不需要執照、所有人都可以施作的行為，就是業界所謂的「室內裝潢」。與外界通稱的裝潢不同，一般室內設計裝修實務所稱的「室內裝潢業」是指那些不會更動到房屋結構本身的工程，如前述所說的施作行為。也就是說，就算是市井小民參考網路上有的北歐風、日式風或是工業風，自己去 ikea 買家具佈置也不會違法。

　　總結而言，只要記得如果是會動到房屋結構本身，最保險的還是交由合法的室內設計裝修業者處理，才不會遇到裝潢蟑螂，反而得不償失。

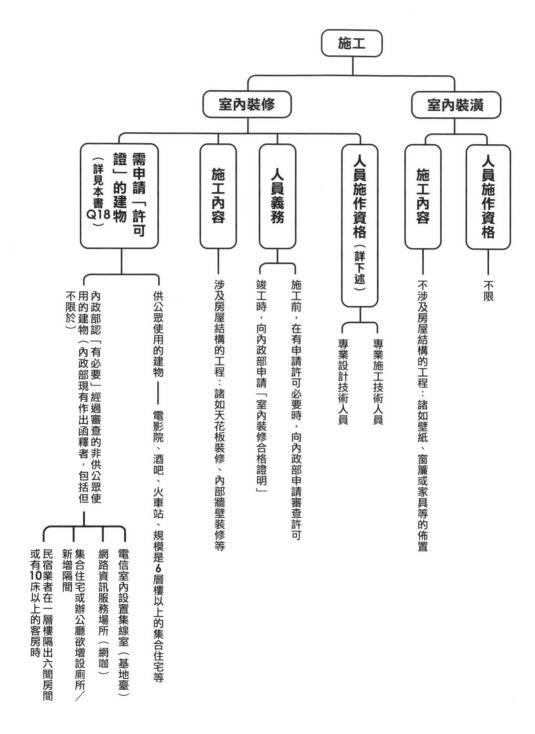

施工

室內裝修

需申請「許可證」的建物（詳見本書Q18）

供公眾使用的建物──電影院、酒吧、火車站、規模是6層樓以上的集合住宅等

內政部認「有必要」經過審查的非供公眾使用的建物（內政部現有作出函釋者，包括但不限於）

民宿業者在一層樓隔出六間房間或有10床以上的客房時

新增隔間

集合住宅或辦公廳欲增設廁所／

網路資訊服務場所（網咖）

電信室內設置集線室（基地臺）

施工內容

涉及房屋結構的工程：諸如天花板裝修、內部牆壁裝修等

人員義務

施工前，在有申請許可必要時，向內政部申請審查許可

竣工時，向內政部申請「室內裝修合格證明」

人員施作資格（詳下述）

專業施工技術人員

專業設計技術人員

室內裝潢

施工內容

不涉及房屋結構的工程：諸如壁紙、窗簾或家具等的佈置

人員施作資格

不限

如何成為室內裝修業者？

在成為專業技術人員後，便可以用自己的名義向內政部申請「室內裝修業登記證」而成立合格的公司，只有合格的室內裝修業者可以代替客戶向政府申請「室內裝修許可證」，也可以對外承包工程，並得以協助客戶進行竣工查驗簽證的事宜，而代客戶取得「室內裝修合格證明」。如果是應該申請許可證而沒有申請的情況，或是竣工時應該申請合格證明而沒有申請，考量到建築物裝修的安全及合法性，國家會對建築物所有權人、使用人或室內裝修從業者裁罰 6 萬至 30 萬元不等的罰鍰。

一間合格的室內裝修公司，必須至少要有一名專業施工人員，或一名專業設計人員，或兩者兼具；獲得登記證的室內裝修公司要記得必須 5 年就要向政府申請換發。

如何申請室內裝修工程管理乙級證照？ 與室內設計乙級證照有什麼差別？

首先，取得室內裝修工程管理乙級證照或建築師執照等，並檢附申請書及相關法定文件向內政部申請，才能成為法律所規定的「專業技術人員」；其中，技術人員又根據各自的專業分為專業施工技術人員及專業設計技術人員。換句話說，室內裝修工程管理乙級證照，是根據《建築物室內裝修管理辦法》而來的證照，也就是

法定要進行法律所規定的室內裝修工程時，所必須要取得的證照。

　　而在專業施工人員方面，國家認證可以取得專業技術人員的證照有兩種：其一是「**建築師、土木、結構工程技師證書**」，其二相較於前者入門的門檻比較沒有那麼高是「**建築物室內裝修工程管理、建築工程管理、裝潢木工或家具木工乙級以上的技術士證**」，也因此並非取得技術士證即可，還需要參加內政部主辦或委託專業機構辦理的 21 小時的講習課程以取得講習結業證書，而裝潢木工或家具木工的技術士證還需要分別增加 40 小時跟 60 小時的其他像是混凝土、金屬工程、防水隔熱、油漆塗裝、水電工程及工程管理等的訓練課程才能取得結業證書。另外，後者這種專業技術人員，5 年內需要換發登記證，逾期就不能繼續從事室內裝修業務。

　　在專業技術人員方面，除了建築師執照外，領有室內設計乙級執照，也可以有條件的成為專業設計人員，而從事室內裝修工程。室內「設計」乙級證照，顧名思義僅能從事設計平面圖及施工圖的行為，跟後者強調的「裝修」的不同之處在於：取得室內設計執照並不能進行實際進行施工的行為，其關鍵在於全盤了解業主的生活習慣後，設計符合業主需求的空間，並且在取得證照的評判標準中，美感也是考核項目之一，對於一般人而言，相較單純把所學知識輸出的「室內裝修證照」是更難考取的。同樣的，為了使大家能盡量取得基本裝修工程執照以順利從事相關工作，並兼顧民眾居住安全，因此針對取得室內設計乙級證照者，如果在 5 年內參加內政部辦理的室內設計訓練達 21 小時以上，且領有講習結業證書的話，

同樣也可以成為國家認證的專業設計技術人員。

　　負責室內設計的建築師或是室內設計師所繪製的圖，必須要簽名以負責。不過如果是經審查機構認為有涉及公共安全的變更時，就只能由開業建築師簽證負責，畢竟這是整體社會對於取得建築師資格的人的期待，相信其可以為大眾的居住安全把關。

大衛的職業生涯會有問題嗎？ Q

　　根據前述故事情境說明，可以發現大衛並不是受僱在合法的裝修公司底下，而是獨立開業的工作室，但成立一間工作室需要取得內政部核發的「室內裝修業登記證」，而要能取得前者的登記證而成立合法公司，則必須找時間考取技術士證，並參加內政部舉辦的講習才行，否則，大衛所能從事的業務，很大程度則會被限縮在某些內政部認為不用先申請室內裝修許可證的「非供公眾使用的建物」內，而事實上這樣的建物在重視居住安全的當今真的少之又少，一不小心就很容易違反建築法規。

　　另外，過去遊走在法律邊緣的「借牌」模式，也並非長久之計，而政府也將相關應考資格的門檻放低，這種從事行業數十年的老師傅其實可以直接參加技術士證的考試。

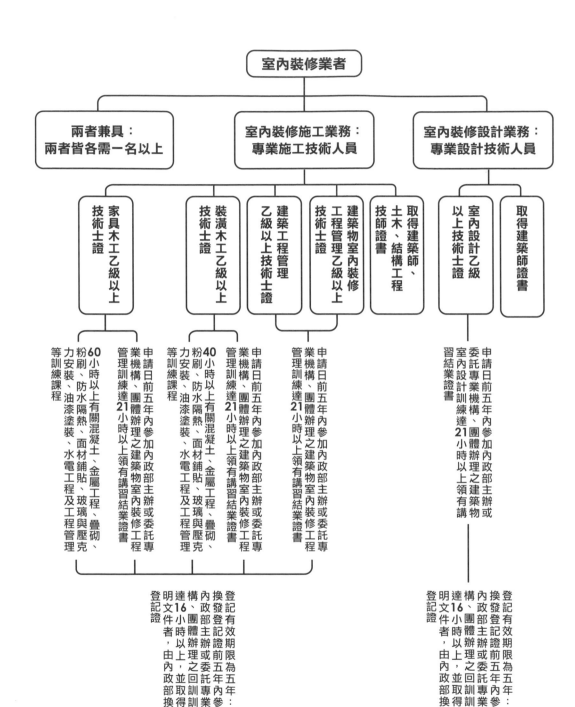

室內裝修業者

兩者兼具：
兩者皆各需一名以上

室內裝修施工業務：
專業施工技術人員

室內裝修設計業務：
專業設計技術人員

家具木工乙級以上技術士證

裝潢木工乙級以上技術士證

建築工程管理乙級以上技術士證

建築物室內裝修工程管理乙級以上技術士證

取得建築師、土木、結構工程技師證書

室內設計乙級以上技術士證

取得建築師證書

等訓練課程力安裝、油漆塗裝、水電工程及工程管理粉刷、防水隔熱、面材鋪貼、玻璃與壓克60小時以上有關混凝土、金屬工程、疊砌、

管理訓練達21小時以上領有講習結業證書業機構、團體辦理之建築物室內裝修工程申請日前五年內參加內政部主辦或委託專

等訓練課程力安裝、油漆塗裝、水電工程及工程管理粉刷、防水隔熱、面材鋪貼、玻璃與壓克40小時以上有關混凝土、金屬工程、疊砌、

管理訓練達21小時以上領有講習結業證書業機構、團體辦理之建築物室內裝修工程申請日前五年內參加內政部主辦或委託專

管理訓練達21小時以上領有講習結業證書業機構、團體辦理之建築物室內裝修工程申請日前五年內參加內政部主辦或委託專

習結業證書室內設計訓練達21小時以上領有講委託專業機構、團體辦理之建築物申請日前五年內參加內政部主辦或

登記證明文件者，由內政部換得換發登記證前五年內參加於構、團體辦理之回訓訓練內政部主辦或委託專業機達16小時以上，並取得登記有效期限為五年內：

登記證明文件者，由內政部換發證構、團體辦理之回訓訓練內政部主辦或委託專業機達16小時以上，並取得換發登記證前五年內參加於登記有效期限為五年內：

016

◆ **取得建築物室內裝修業登記證才能營業**

當取得個人證照決定開業時，必須填具表格向內政部營建署申請取得建築物室內裝修業登記證，取得後即可開業。

◆ **建築師執照、室內裝修工程管理乙級證照、室內設計乙級證照大不同**

取得建築師執照所能從事的業務最廣泛，可以進行設計案與工程案。而室內裝修工程管理乙級證照是針對施工業務的專業施工技術人員；室內設計乙級證照則是針對設計業務的專業設計技術人員。

相關法律與參考資料：

1. 憲法第 86 條。

2. 司法院釋字第 352 號解釋、第 453 號解釋。

3. 職業訓練法第 31、33 條。

4. 技術士技能檢定及發證辦法第 7 條。

5. 董保城（2009），〈從大法官釋字第六五五號解釋論憲法第八六條專門職業資格專業證照之建構〉，《月旦法學雜誌》，172 期，頁 269-286。

6. 巫義政（2005），〈國內各項證照考試由考選部辦理之妥適性探討〉，《國家菁英季刊》，1 卷 4 期，頁 81-108。

7. 劉佩怡（2011），〈我國專技人員證照制度與人才國際接軌之研究〉，考試院委託國立金門大學之研究。

8. 建築法第 4 條、第 77 條之 2、第 95 條之 1。

9. 建築物室內裝修管理辦法第 2、3、4、5、9、15、16、17、20、25 條。

Q02 室內設計師開業登記時要注意哪些事？

故 事 情 境

　　阿發是一位室內設計師，在老闆公司裡練功許久，自認為在技術已具備一定的功力，再加上自己海派、喜歡交朋友的個性，常常會有案件需求是透過朋友介紹而來。因此阿發覺得或許是時候自己出來闖蕩、開立自己的事業了。

　　不過要獨立執業，一切要從何做起呢？對於一個剛開始獨立作業的小老闆而言，充滿雄心壯志的阿發期待能夠在全國拚出知名度，甚至希望自己的知名度可以打響到海外。然而阿發這股衝勁，卻被太太拉住了。理性的太太向阿發勸說著，你才剛開始起步，面對還不確定的業務能量，應該優先考量的絕對是成本問題，建議先從小而美開始做起，再一步一步慢慢成長。

　　夫妻二人對於這樣分歧的意見一時之間沒有共識，但阿發想，這需要時間慢慢溝通，開業後一切船到橋頭自然直。結果阿發找會計師來諮詢開業，會計師問了第一個問題就讓阿發愣住了：「你是要開公司還是行號呢？」

A： 公司、行號各有優劣，但要安心營業，還是要評估後擇一登記！

解 析

當自己下定決心要創立屬於自己的事業，自己當老闆、自己接案，那「開業」的第一步，究竟要如何開始呢？首先，我們必須思考的是，我們成立什麼樣的事業型態，是要開公司好呢？還是簡單成立一間個人工作室好？或是彼此之間有什麼差別呢？各自的優缺點又是什麼？

開設公司好還是開行號好？ 🔍

相信大家一定很常聽到「公司行號」這四個字的組合，不過「**公司**」和「**行號**」卻是不同的商業型態。通常設計師個人工作室是行號，名稱有「有限公司」等字，就是公司了。

所謂的「行號」，也可以稱「商號」，就是以營利為目的的獨資或合夥經營事業，依照《商業登記法》向所在地的縣市政府辦理商業登記；而「公司」則是依照《公司法》的規定，向經濟部或直轄市政府辦理公司登記。由於行號主管機關是地方縣市政府，因此在行號名稱，只要在同一個轄區內不要和別人撞名就好了，以下方圖示為例，同樣叫「阿發」的商號、甚至叫做「阿發商店」的，全臺灣就好幾家。

| 阿發檳榔 | 阿發麵店 | 阿發商店 | 阿發的店 | 阿發食堂 |

相較下，公司就是以全國為單位，《公司法》第 18 條第 1 項

也規定，公司名稱，不可以和其他公司或有限合夥名稱相同。不過，如果名稱中標明不同業務種類或可資區別的文字，視為不相同。以下方圖示為例，同樣叫做「阿發」的公司，只要標明是「建設開發」、「視覺特效」、「國際」等字樣，就是不同公司名稱。

阿發糊盒行有限公司	小阿發工程有限公司
阿發股份有限公司	阿發建設開發有限公司
阿發視覺特效股份有限公司	阿發師食品有限公司
阿發國際有限公司	阿發的岳父有限公司
阿發布雷克設計有限公司	連特阿發健康美生技有限公司

　　目前《公司法》下的公司型態包括無限公司、兩合公司、有限公司、股份有限公司，其中無限公司及兩合公司的型態目前幾乎已經名存實亡了，而有限公司及股份有限公司的股東，就公司的法律責任而言，原則上是以出資額為限；相較下，行號的負責人或合夥人就事業的法律責任，須負無限責任。舉例來說，如果阿發開了一家行號，有天員工在工作途中發生車禍導致路人受傷，法院判賠阿發行號要為路人的受傷連帶賠償 500 萬元，阿發就一定要為這 500 萬元負責；反之，若同樣的情形發生在阿發出資 100 萬元開的一家有限公司，阿發也不想再繼續拿更多錢出來經營這家公司了，那阿發只須為這 100 萬元的出資額負責。

因為公司具有法人資格，在法律上是獨立的個體，相對地，行號其實本質還是阿發本人（自然人），這也是為什麼公司股東只須負有限責任、行號的出資人要負無限責任的原因。除此之外，因為行號不具備法人資格，如果有向銀行貸款的需求，是以個人貸款的模式，而不是企業貸款，所以有時比較不容易取得資金。

設立公司因為要遵循《公司法》的規定，如要有公司章程，且成立時必須有會計師簽證，比成立行號更為繁瑣，但也因此，一般認知行號的營運規模比較小，所以如果想要爭取接一些標案、政府創業補助，用公司型態一定會比較有優勢。

開行號可以不用繳稅嗎？ 🔍

很多人以為，只有公司需要繳稅、行號不需要，這可是大錯特錯喔。不過兩者確實在稅務上有所差別，**行號的稅務負擔確實比較公司來得輕。**

若行號符合「小規模營業人」的條件，也就是每月收入未超過20 萬元，就可以免用統一發票，每季由國稅局以行號營業額的 1%計算營業稅，每年自行繳納營所稅，無須申報；如果行號有使用統一發票則徵收 5% 稅率。此外，行號的全年淨利（營收扣除成本），也不用繳營所稅，這樣的收入會直接併入負責人的個人綜所稅課徵。

公司不論營業額高或低，都一定要用統一發票，營業稅一律 5%；但公司要繳納淨利 20% 的營所稅。

公司與行號比較表

	行號	公司
類型	獨資、合夥	有限公司、股份有限公司 （無限公司、兩合公司名存實亡）
法人資格	無	有
法律依據	《商業登記法》	《公司法》
出資人責任	無限責任	原則上以出資額為限
登記機關	地方縣市政府	經濟部或直轄市政府
名稱使用範圍	縣市	全國
統一發票	每月未滿 20 萬元可免用統一發票	必須使用統一發票
營業稅	免用統一發票 1% 有用統一發票 5%	5%
營所稅	免繳，併入個人綜所稅	20%

設立細項 🔍

在思考要設立公司或行號，第一步要先做名稱預查，也就是確定計畫的事業名稱目前是否已經有人在使用了。如果是要設立公司，還必須先辦理銀行開戶，並由會計師驗資。接著是商行要向地方縣市政府、公司要向經濟部或直轄市政府申請公司設立。最終兩者也須向國稅局審請營業登記（稅籍登記）。

在辦理設立時，兩者均須決定營業項目，除了特許行業（如製煙、製酒、綜合營造業等）外，營業項目的記載較為寬鬆，業者可以只登載主要營業項目，甚至可以加列**「ZZ99999 除許可業務外，得經營法令非禁止或限制之業務」**，避免掛一漏萬。不過這樣的記載象徵性色彩比較多，如果從事非營業項目的合法事業，並不會有違法的問題，只是可能其他人上網查詢後，發現公司行號在做的商業行為並沒有出現在它登載的營業項目上，會覺得這家公司行號有點奇怪。

所謂的「資本額」，就是出資人或股東投入這個事業的資金數額，目前法律不論是公司還是行號，都沒有最低資本額的限制。例如阿發決定要用積蓄 100 萬元開一家設計公司，阿發就向銀行開了一個帳戶並把 100 萬元存進去，之後阿發花錢裝潢辦公室、繳給房東的租金、付給助理的薪資，都由這帳戶所支付；若有客戶付服務費給阿發，阿發也會把錢存進這個帳戶，而公司的資本額，還是當初的 100 萬元。因此，資本額的高低，也未必代表這家公司行號有

錢還是沒錢、生意做得好或不好、要繳稅的高或低。不過資本額往往也是外部人士窺探一家公司是否具備規模的標準，如果資本額太低，可能也會影響銀行貸款、或爭取標案的機會。

公司代表人必須要成年且有行為能力（相較下，限制行為能力人經法定代理人同意，可以成為商業的負責人）。因為公司是法人，無法自己表示意見，還是需要一名自然人代替行使法律行為，公司代表人就是行使這樣的工作，這也是為什麼公司在交易習慣上會期待有「大章小章」，確保今天公司對外的意思表示，是確實公司的意思。

法白提示　● ● ●

◆ 依個人需求設立公司或行號

要設立公司還是行號，各有優缺點，雖然公司的規模比行號大，但公司的稅務成本也確實比較高。

相關法律與參考資料：

1. 商業登記法。
2. 公司法。
3. 公司登記辦法。

Q03 室內設計／裝修
想做行銷，
怎樣才能合法發揮？

故事情境

　　大竹是一位室內設計師，剛離開前公司自行開立室內設計工作室。自己開業絕對不是容易的事，工作室開始運作後首先要面臨的第一個問題，就是客源，要如何能夠招攬生意、打響自己的知名度、吸引潛在客戶，勢必是一個重要的功課。而在當今網路世代，效果最好的方式就是網路行銷。為了節省開業成本，大竹找到免費的網站套版，接著就要思考如何充實網站的內容。

　　為了增加網站的豐富度，必須要有精美的圖片和吸引人的文字，大竹想到曾有雜誌到前業主家拍攝自己設計的室內裝潢，專業攝影師所拍攝出來的照片，不論是構圖還是光線捕捉，都比較有水準。大竹想，這確實是自己的設計成果，也沒想太多，就直接將圖片複製貼上到自己網站。另外，大竹又想到自己國小同學是知名網美，因此用相較市場便宜的價格，請網美幫自己拍一段影片，誇讚大竹的設計是全國第一、很多設計巧思更是業界首創，並上傳到網美的影音頻道上面……

A： 要避免侵權，使用他人著作時以取得授權為首要，不是所有情況都能主張合理使用；競爭要誠實公平，進行各類廣告時要先確認是否符合相關法律規範。

解 析

當今網路盛行的年代，許多人都會用網路作為行銷的主要平臺，但網路行銷有什麼大小事是應該特別注意呢？

網路行銷常見的錯誤──著作權問題 🔍

在網路行銷中，常常會有侵害到著作權的問題。《著作權法》下有「重製」、「改作」的概念，所謂的「**重製**」，是指以印刷、複印、錄音、錄影、攝影、筆錄或其他方法直接、間接、永久或暫時的重複製作；「**改作**」，是指以翻譯、編曲、改寫、拍攝影片或其他方法就原著作另為創作。「**重製**」及「**改作**」的權利是歸屬於**著作權人，如果沒有經過著作權人的同意，就對他的著作「重製」及「改作」，其實就是一般俗稱的「抄襲」，會有侵害著作權的可能，嚴重一點還會有刑事責任。**

實務上常見行銷觸法的情形，即如在網路上看到其他的作者寫著不錯的文案，直接複製、稍作修改，並貼在自己的版面上，作為自己的文宣。這樣的行為就會是前述的「改作」，而侵害到原本文案創作者的著作權。

另外常見侵害著作權的可能性就是照片的使用。像故事情境所說的，大竹在網路上找到自己設計成果的照片，未經拍攝人同意，直接貼在自己的網站上，就會是「重製」行為。雖然室內裝潢設計是自己的創作成果，但是照片本身是由其他人所拍攝完成，照片的著作權是歸屬於其他人的，如果要使用這些照片就必須經過照片的著作權人授權，否則一樣會有侵害著作權人重製權的可能性。

至於要如何確認是否有抄襲行為存在呢？實務上通常以是否有**「接觸」**和**「實質相似」兩要件來判斷。「實質相似」不難理解，是指內容給大家看都會覺得高度相像；而所謂的「接觸」，往往是以是否「有接觸可能」作為認定方式**，例如 A 在 111 年 1 月 1 日寫了一篇文章公開在網路上，B 在 111 年 6 月 1 日在網路上也公開了一篇文章，文章內容和 A 的文章幾乎一模一樣，因為 B 又會上網，自然有機會看到發表比較早的 A 文章，因此，法院就會認為 B 有接觸 A 的文章，認定 B 有抄襲。

網路行銷常見的錯誤──廣告不實 🔍

　　再來，行銷可能會面臨的問題，就是廣告是否有誇大不實的情形，注意廣告呈現內容和產品或服務客觀上是否一致，如果為了廣告效果而過於誇張，容易導致讀者誤會，就可能會被認定為不實廣告，導致觸犯《公平交易法》，或是消費者可主張詐欺。

　　依《公平交易法》的定義，**「廣告不實」是指業者在商品或廣告上做虛偽不實或引人錯誤的表示，而這些不實或錯誤的資訊，會強烈影響到消費者決定是否要和業者進行交易的意願。**例如，業者捏造事實，表示自己的設計作品獲得許多國外獎項，這樣的資訊可能會讓消費者更有動機委由設計師設計作品，那這樣的虛偽資訊就可能構成廣告不實。

　　也因此，如果在廣告上**使用「最高級」用語**，例如「全國第一」、「業界首創」、「滿意度最高」、「價格最低」等用語宣傳，自然

就比較容易受到挑戰，如果沒有確信自己真的有到「全國之最」的地位，建議不要用如此誇大的說詞，盡量改用主觀感受，取代客觀描述，例如「這是我看過最好的設計」、「這是我認識最用心的設計師」、「這是我住過最舒服的房子」，畢竟每個人的主觀感受都可能不同，比較不會有誤導的可能性。

網路行銷常見的錯誤──比較廣告 🔍

如果在廣告內容中，為了突顯自己的優勢，將自己的產品或服務和競爭對手相比較，雖然法律上並沒有全面禁止業者使用比較廣告，但必須注意，這樣的比較是否建立在公平的條件，必須以公正、客觀、比較基準相當的方式為之。如果不當類比，例如為了說明自己價格上的優勢，將自己的收費標準和同業業者比較，卻沒有將設計使用的材質列入說明，也可能會違反《公平交易法》；甚至陳述或散布不實的事實詆毀競爭同業的商譽，也可能會有刑事誹謗罪的問題。對於如何呈現合適的比較廣告，可以參考「公平交易委員會對於比較廣告案件之處理原則」，以避免違反《公平交易法》的可能。

網路行銷常見的錯誤──薦證廣告 🔍

在當今網紅盛行的年代，**許多業者宣傳或行銷會傾向找網路名**

人合作、業配，針對這種推薦廣告被稱之為「薦證廣告」。在《公平交易法》下，以自身體驗結果推薦某產品和服務的人，稱之為「薦證者」，就需要遵循「公平交易委員會對於薦證廣告之規範說明」。請注意，薦證者不一定要是公眾人物，一般消費者分享自身經驗，也會是薦證者。

　　而薦證廣告和前面所述一樣，必須強調「真實性」，如果薦證者和業者之間有「非一般大眾可合理預期之利益關係」（也就是業者花錢請薦證者來推薦自身產品或服務），業者則應該充分揭露。否則這種實質屬於廣告的「親身推薦」，可能會使閱聽者產生誤會，畢竟一般來說，大家對廣告的信任度和真實使用者的推薦口碑，還是有些不同。如果業主和薦證者沒有充分揭露利益關係，一樣可能會違反《公平交易法》。

法白提示

● ● ●

◆ 取得授權並依法宣傳

想要透過各種行銷管道，必須確認自己的行銷素材是否有侵害到其他人的智慧財產權，特別是照片、文字等著作權的問題；另外也應留意廣告內容是否會有不實，導致消費者誤會的可能性。不論是一般介紹性的廣告、比較廣告、或薦證廣告，都應該避免消費者產生誤會，否則就有可能違反《公平交易法》，因而招到公平交易委員會的處罰。

相關法律與參考資料：

1. 著作權法第 3、22-29-1、65、91-92 條。
2. 公平交易法第 21 條。
3. 公平交易委員會對於比較廣告案件之處理原則。
4. 公平交易委員會對於薦證廣告之規範說明。

Q04 經營室內設計事務所，營運時有哪些法規要注意？

故事情境

　　小磊是在某間設計公司裡服務多年，終於獨立開設了室內設計公司。不過看花容易繡花難，開業後才知道，很多事情從來沒有注意前老闆怎麼做，自己真的完全沒有頭緒。例如小磊想找個助手來協助設計公司的大小事，招募到助手之後，是不是一定要寫書面契約書才算勞雇關係成立？如果不寫會怎麼樣？寫了之後又要寫什麼樣的內容呢？又成為老闆之後，和員工之間又應該要注意什麼事情？

　　此外，公司如果成立後，要如何報稅？要繳納什麼呢？有什麼方法可以讓自己稅可以繳少一點、或是不要繳稅？為什麼以前老闆都會要求把所有公司花費打上公司統編、並且將收據收好，說之後要交給會計做報帳使用？有什麼東西可以拿來報帳呢？

A： 稅務規範和勞資關係是營運的重要基礎，《勞動基準法》必須遵循最低標準，而稅務則是要將每筆收入與支出詳實申報並按期繳納。

解 析

什麼是勞雇關係？ 🔍

　　只要是勞雇之間成立勞動契約，雇主就要用《勞動基準法》設定的標準給予勞工應有的權利。但勞動契約要如何認定呢？

　　依照《勞動契約認定指導原則》認定，必須具備以下條件：

1、人格從屬性：包括勞工的工作時間、給付工作方法及工作地點受到雇主的指揮或管制約束，不能拒絕雇主指派的工作、勞工必須接受雇主的考核、必須遵守服務紀律及懲處、須親自提供工作、及不能以自己名義提供勞務等要素。

2、經濟從屬性：包括勞工不論工作有無成果，雇主都會計給報酬、勞工無須負擔營業風險、勞工不須自行準備勞務設備、勞工僅能依雇主訂立或片面變更的標準獲取報酬、勞工僅得透過雇主提供勞務，不得與第三人私下交易等要素。

3、組織從屬性：從勞工須透過與其他人分工才能完成工作；其他還包含勞工保險、薪資扣繳及相同勞務的勞工契約性質等參考事項。

　　只要具備以上條件，就會被認定為雙方具有勞動契約，而不論雙方是否有簽訂書面的勞動契約，勞工全職或半職。而雇主在遵守勞基法的基礎上，可以與員工就工作場所、工作內容、工作時間、休假（或請假、輪班）、工資及給付日期、勞動契約終止及退休、資遣費、退休金、其他津貼及獎金、應遵守的紀律、獎懲等部分協

商條件成為勞動契約的內容。而在室內設計為主的勞動契約，更可以就員工在工作期間所產出的作品著作權歸屬及保密條款予以特別約定。

可以和員工簽短期的勞動契約嗎？

雇主可以和員工簽訂一年一聘的定期勞動契約嗎？原則上是不行的。

依照勞基法規定，只有臨時性（無法預期的非繼續性工作，工作期間在六個月以內）、短期性（預期能在六個月內完成的非繼續性工作，例如針對請產假的員工所聘僱的職務代理人）、季節性（受季節性原料、材料來源或市場銷售影響的非繼續性工作，工作期間在九個月以內者）、特定性工作（可在特定期間完成之非繼續性工作；若工作期間超過一年，就應該報請主管機關核備）能簽定期勞動契約。如果不符合以上四種情狀，那勞動契約就是不定期，如果雇主不想再繼續聘任員工，除非有合法事由，否則應該給付員工資遣費。

雇主和員工的保險應該怎麼處理？

若自己獨立開業後成為事業負責人，前公司可能就不會繼續為自己投保了，如果自己是沒有聘任員工的自營作業者，那就可以

將自己的健保投在職業工會；若員工人數未滿五人，雇主保費最低級距為 34,800 元；如果員工數為 5 人以上，雇主保費最低級距為 45,800 元。應注意的是，雇主一旦有聘僱員工，那健保就必須投保在自己的公司，或是在其他公司有正職而投保，那就不用回自己公司加保。但如果是在工會或公所投保，那健保局就會要求雇主回自己公司投保，並追補查核保費。至於勞保及國民年金的部分，雇主本身則不會被強制要求加保。

不論如何，只要雇主和員工雙方成立勞動契約，依法雇主就必須幫員工辦理就業保險（不論員工是否同意），包括勞健保、就業保險、職業災害保險和提撥勞工退休金，所以勞健保絕對不是員工福利，本身就是雇主的義務。如果雇主僱用五位以上員工，依照規定就必須成立勞工保險強制投保單位；如果未滿五人，雇主雖不是勞保強制投保單位，但若員工要求參加勞保，雇主仍可自行幫其加保勞保。

請特別留意，以上員工人數的計算不包含雇主本人。

有賺錢了，那要如何申報？ 🔍

公司要如何處理稅務問題呢？相信這是讓許多老闆感到頭大的事情。以下我們先就基本觀念介紹。

首先介紹**「營業稅」**。業者在販售商品或提供服務給消費者時，必須在收費內代政府向消費者收取毛利 5% 的營業稅（免用統一發票的小規模營業人為 1%），之後再於申報營業稅時繳給政府。而統一發票必須要當期開立、當期申報，申報每奇數月的 1 至 15 日向主管稽徵機關繳交上期的應繳稅額及相關文件。如果是免用統一發票的小規模營業人，則每季由國稅局核定開單繳納即可。

如果超過繳納期限，則可能會有滯納金的問題。

而在申報營業稅時，可提出「扣抵」成本，主要的目的就是計算出業者銷售給消費者的毛利到底有多少。可扣抵的項目，必須是有營業稅額、有打公司統一編號、非消費性質的營業用途花費。例如進貨、文具用品、電話費、網路費、水電瓦斯費、廣告費、訓練費、租金、交通費、油資、辦公室桌椅及用品、固定資產（耐用年限 2 年度以上、及金額 8 萬元以上，可作為公司固定資產）、購買汽車（但必須限於客貨兩用車才可以申報為固定資產，如果是一般客車則不行）、其他可扣抵項目等等。常見不能扣抵的項目，包括餐飲費、交易費、員工福利、海外消費、飛往國外的機票等等。請留意，《營業稅法》第 51 條規定，如果將不得扣抵的進項稅額提出申報扣抵，會受到處罰喔。

至於不得扣抵進項的費用，仍然可以作為公司的費用憑證，並在報營所稅時列為費用。

如果是開立公司，則要在每年的 5 月 1 日至 31 日申報上一年度的「營利事業所得稅（營所稅）」，也就是對公司的「所得」課稅 20%，而所得的計算方式包括「查帳申報」及「書審申報」。而在查帳申報計算所得時，可以扣除「業務所需」且有「合法憑證」的費用，例如旅費、捐贈、交際費、員工福利、保險費、伙食費、折舊、員工薪資及勞健保勞退等，以降低淨利，減少營所稅（不過費用的計算不是無邊無際的，還是有限額）。

法白提示　　● ● ●

◆ 經營公司要了解勞基法與稅務規定

《勞動基準法》是勞動關係最基本規定，雇主對待員工的條件不能低於勞基法的要求。另外在稅務上，如果公司有任何的支出，都可留好相關單據，未來均可能可以作為扣抵或是列入費用，降低課稅金額。

相關法律與參考資料：

1. 勞動契約認定指導原則。
2. 大法官釋字第 740 號解釋。
3. 最高法院 106 年度台上字第 301 號民事判決。

Q05 業主想要做室內裝修，和設計公司簽約後，雙方之間有什麼樣的權利義務關係？

故事情境

　　北漂許久的小智，繼承媽媽在臺中的老宅重新裝修，作為法式餐廳及住家使用。經由介紹後，決定委託大岩蛇設計公司協助設計。大岩蛇公司派了設計師小剛與小智接洽討論，雙方首先簽訂「法式餐廳建築室內設計委任契約」，約定由大岩蛇公司負責室內設計工作，設計費用為 106 萬 5000 元，並約定若小智委託大岩蛇公司接續承作，則設計費用可以減半計收；原本想自行委託工班處理的小智，經不住誘惑，於是當下馬上與大岩蛇公司簽訂「法式餐廳室內工程承攬契約」，雙方約定工程總價 552 萬元，施工期間為 4 個月。

　　沒想到，小智對小剛的規劃設計始終不滿意，雙方一來一往確認圖說耗費數月，過程中小智甚至發現小剛欠缺相關資格，對於小剛在名片上印有「設計師」一事感到遭受詐欺，便主張受詐欺而撤銷契約，要求返還款項，後續改為委託工班處理。

　　大岩蛇公司則認為，小智已確認完圖說，表示契約已履行完

畢，小剛雖然不具相關資格，但簽約者是大岩蛇公司，大岩蛇公司確實有按照規定聘請建築師及乙級室內裝修技術士，因此認為小智刻意刁難，拒絕承認他的主張，要求他應支付尾款。

解 析

問題來了，到底設計師小剛與小智有什麼關係？或應該說，一份室內裝修設計與施工契約可能存在什麼樣的法律關係？又是與誰存在權利義務呢？

室內裝修涉及怎樣的法律關係？ 🔍

所謂的法律關係，意思是指權利義務關係，又可以區分為「對人關係」以及「對物關係」。

詳細來說，對人關係，也稱為債之關係，是指針對特定的人，可以請求為一定行為或不為一定行為的關係，比如在室內設計與裝修契約，業主至少可以請求設計師提出現況參考圖、平面配置圖、立面索引圖等大大小小圖面圖說；相對的，設計師或設計公司可以依照完工的階段請求給付各階段之酬金。

而一般來說，**債之關係具有相對性，只有在特定對象之間發生拘束力，原則上不及於契約以外的第三人。**這是為了滿足社會交易的需求，債之關係根基於「契約自由」的精神，具有近乎無限的創造性，但容許人們就實際需要，與有能力供給之人建立各式各樣的權利義務之餘，法律也要避免這些通常查閱不到，也根本無法察覺的私人約定，對不知情、更遑論表示同意與否的第三人產生影響。

因此，判斷在何人之間發生債之關係，原則上可先由契約簽署欄著手，不管是甲方、乙方、丙方，只要權利義務明確，便可初步認定是契約當事人，再透過各項條款分析各項關係的法律屬性。不

過，有些例外狀況，就算沒有在契約上簽名，也可能在各方當事人之間產生其他法定的權利義務關係，像是代理人、履行輔助人、複委任人、路人（對，你沒看錯）等等。

而對物關係，則是指物權而言，是可以支配特定物的關係，比如設計公司以公司費用所購得材料並進行施工，在完工前，材料所有權屬於設計公司，就算是業主也不能隨意使用。

然而，在室內設計與裝修契約，較少發生與物權有關的爭議，這是因為物料只要與業主的不動產結合，成為其中一部分，按照《民法》附合的規定當然由業主取得物料的所有權，比如在牆上用漆、配線完畢或完成鋁窗安裝及水路灌塞等。因此重點反而是物料如何計價？使用不合規或比約定高等之物料？物料因物價上漲可否另行報價？以及，施工上產生瑕疵如何處理？然而，這些問題，涉及到的都是債之關係，因此，接下來僅就設計師與業主間可能發生的債之關係為說明的對象。

是誰與業主發生法律關係？ 🔍

依照現行法律，針對「設計師」一詞，並未有明確定義，所謂的設計師可以指「室內裝潢業者（開業建築師、營造業及室內裝修業）」，也可以指實際從事設計業務並「具有室內設計乙級以上技術士證」的個人，為了便於理解，以下所指的設計師，僅限於「具有室內設計乙級以上技術士證」的個人。而依據法律規定，到底誰

可以作為契約的當事人，可是有明文規定的，這也會導致不同情況下，設計師未必得以直接與業主簽約，也未必須對業主直接負責。

依照內政部所頒訂的《建築物室內裝修管理辦法》，開業建築師、營造業及室內裝修業可以進行室內裝修，其中除了室內裝修業可以兼做設計與施工外，室內裝修設計，只有開業建築師可以承作；室內裝修施工，則只有營造業承作。**換句話說，設計師考領證照後不能以個人名義執行室內裝修設計的業務，只能與開業建築師合作，或依法設立工作室（商業登記）或公司（公司登記）才可以。**

因此，一份合格的室內設計裝修與施工契約，作為甲方的「室內裝潢業者」如果是開業建築師或營造業，設計師就只是輔助建築師完成工作的協力者（受僱人、合夥人或其他外包廠商等），不直接與業主發生權利義務關係；反之，如果甲方是設計師所開立的工作室或公司，則分別是由設計師直接（以個人及工作室名義）或透過公司（以公司名義）間接與業主發生權利義務關係。

詳細來說，第一種情況，當甲方為開業建築師或營造業，此時債之關係發生於建築師或營造業與業主之間，設計師只是協助甲方完成工作，不論是受僱人或是外包廠商，原則均不對業主負責，不必承擔甲方債務不履行下的各種責任，同樣的，當然也不可以對業主主張權利。比如建築師 A 接案後，將部分工作的設計外包設計師 B 的工作室承作，此時的法律關係是「業主—A」之間以及「A—B」之間，基於前述的債之相對性，彼此互不得干涉影響。

不過，例外在合夥人的情況，如果甲方實際上為是《民法》上的合夥，也就是建築師與設計師共同出資成立事務所，或設計師對建築師投資成為股東後仍參與業務執行，依法就須對業主負最終責任。比如，A 建築師之事務所股東 C 同樣具有乙級技術士證，也參與業務執行，因合夥之股東須對合夥期間的債務負無限責任（白話來說，須以個人財產清償），就可能須與 A 對業主負連帶清償責任。

第二種狀況，須視設計師是以工作室或公司名義簽立契約。依工作室的狀況，法律上可能為獨資商號或是合夥，此時與業主的法律關係都是發生在設計師身上，且設計師需要以自己之財產負最終的責任，差別只在於合夥的狀況，業主在設計師無力清償時，仍可向其他股東求償。然而若設計師是開立公司營業，公司法人屬於「法律上的人（簡稱法人）」，被視為獨立的交易主體，因此若甲方是設計師開立的公司，設計師僅在負責人或代表人處用印，法律關係是發生在公司與業主之間，以公司財產負有限責任（有限或股份有限公司），而設計師個人原則不需要直接對業主負責。

因此，除非設計師與建築師合夥開業，或是以工作室對外營業，否則都不直接與業主發生權利義務關係，在其他狀況下，設計師僅是「履行輔助人」，協助甲方完成契約義務，但如果在處理事務上有故意過失，將視為契約的甲方的故意過失，由甲方負擔相關責任。

室內裝修業者與業主間具體的權利義務是什麼？ 🔍

不論契約的甲方是開業建築師、營造業或設計師，為了釐清什麼樣的約定可行，或是應當遵守怎樣的法律規定，則必須先確認室內裝修設計與施工契約，在法律上是什麼屬性？具體又存在了哪些權利義務？

這個問題可能沒有那麼容易回答。原因是《民法》上並沒有一種契約叫做室內裝修設計與施工契約，這種契約顯然是「契約自由」下的產物，因此需要視契約具體約定的內容，來判斷應當如何適用法律，以及該用什麼樣的法律規定來補充當事人未約定的事項。

仔細來看，室內裝修設計與施工契約的目的，不外乎是約定業主支付報酬使室內裝修業者提供規劃設計、施工、監督等作為，業主可能單項委託，也可能多項，甚至是一條龍式的委託。然而，除了施工營造屬於承攬以外，規劃設計的監督監造和性質，則擺盪於承攬與委任之間，目前仍有爭議。

所謂的承攬，是指當事人約定，一方為他方完成一定之工作，他方待工作完成，給付報酬之契約；而所謂委任，則指當事人約定，一方委託他方處理事務，他方允為處理之契約。 相同的是，兩種契約都是以提供勞務給付作為手段，在性質上同屬勞務契約，差別在於，承攬之承攬人提供勞務是為定作人（業主）完成一定之工作，其契約的內容著重在「一定工作之完成」；至於委任之受任人提供

勞務旨在本於一定之目的，為委任人（業主）處理事務，其契約之內容著重在「事務之處理」。因此，兩者最大之不同，在於承攬須有一定之結果發生，而委任則只須處理事務，不以一定結果之發生為必要。

承攬既然著重在發生一定結果，那麼到底是誰完成約定的結果，較不重要，因此**承攬的工作不必由當事人親自完成，也具有較高的自主獨立性，而可以轉包、分包給第三人處理，原則不違反契約約定**。此外，承攬需要擔保工作完成的特性，使得承攬的承攬人必須負擔瑕疵擔保責任，也就是不論故意過失，均應擔保承攬的結果無欠缺「通常或約定之效用或瑕疵」，否則業主可以請求修補瑕疵、減少報酬，甚至在瑕疵重大時可以請求解除契約，在承攬人有過失的狀況可以請求損害賠償。不過在工作完成前，業主得隨時、片面終止契約，這時候承攬人針對已經完成的工作部分仍然可以請求契約約定的報酬，另對於不及完成的部分，則可以請求原定報酬扣除成本的淨利，而業主為了避免負擔此項賠償，通常都會以承攬人遲延工作或工作具重大瑕疵為由解除契約。

相對於此，**委任因為著重事務的處理過程，具有更強的信賴關係，原則禁止複委任，不許受任人任意將工作交給第三人處理，且對業主負有報告義務，應聽候業主指示，非有不得已的狀況不能隨意變更業主的指示**，雖然不負無過失的擔保責任，但處理事務有故意或過失，仍應負民事債務不履行責任，業主可以催告後終止契約，並得請求損害賠償。除此之外，與承攬不同的是，雙方隨時都可以

片面終止契約，且只須在不利於對方的狀況終止時，始應負損害賠償責任。

　　舉例而言，業主就委託工班依照設計師圖面打造工業風室內裝潢，目的在於取得如圖面所示的工作成果，因此工班必須按圖施作完成，這種情況就是典型承攬。完工後，業主倘如發現工班未依照設計圖材質施作，即可主張瑕疵擔保責任，限期命工班為補正，或直接減價收受；相對於此，如果業主要求設計師尋覓並代購買電視，設計師只需要按照業主指定規格、預算，提供業界可選擇之標的，供業主確認後代為購買，著重在處理代購電視的事務，就結果來說業主可能找到理想標的，也可能始終不滿意，因此重點在於處理代購的過程，設計師並不擔保業主必然取得電視，如果業主已經指定 A 牌電視，設計師竟因故購買 B 牌，此時除非設計師可以證明有何等不得已事由，否則業主不但可以否認購買 B 牌電視的錢為必要費用（業主不付代墊款），甚至也可請求依照債務不履行之規定，於請求補正及遲延的損害賠償。

　　從這樣的觀點來看，室內裝修的規劃設計部分，主要是涉及空間配置與規劃以及動線、家具及設備設計，也就是繪製圖說的工作，業主必然著重在使設計公司或設計師依照雙方協議完成圖說，且須擔保圖面具備可施工的可能性，應具有承攬的內涵；然而另一方面，設計過程雙方需要來回確認修正，業主有指示權限，同時業主也不會希望設計師將設計工作外包，又似乎具有委任的性質，因此目前無統一的司法實務見解，視雙方具體約定（例如是否包含後續的顧

問或監造），可能被歸類為承攬或委任，或是兼具兩者性質的契約。

而監督監造，較常出現於公共工程或大型建案的契約，中華民國建築師公會全國聯合會認為，監造在學理及實務上均認為是委任性質。然而，一般業主多傾向將設計及監造委由同一人承作，也就是由設計師親自監督，於是這種設計監造契約，又會發生承攬或委任的爭議，目前實務上也尚無統一看法，學界則多傾向於認為是兼具承攬及委任性質之混合契約或聯立契約。

總結來說，室內裝修契約的具體權利義務，仍須要回歸契約約定的事項來判斷，因為實務上室內裝修的約定五花八門，往往無法一概而論，且縱然雙方事先約定契約為委任或承攬，也會因為契約屬性的判斷屬於法院適用法律的職權事項，並不會因為雙方事先約定為特定契約便能拘束法院的。

因此，回到故事情境來看，小智、大岩蛇公司是將設計工作與施工分別來簽，施工部分當然是承攬，但設計部分，雖然是簽「法式餐廳建築室內設計委任契約」，雖名為委任，倘若目的重在完成可以合法施作的設計圖面，應屬於承攬性質，因此小智與大岩蛇公司之間有二個承攬的法律關係。針對設計的部分，小剛僅是大岩蛇公司的僱用人，只要大岩蛇公司有依照《建築物室內裝修管理辦法》僱用具有相當資格的人，工作本身是經由大岩蛇公司內部水平合作及垂直指揮來完成，縱然小剛未領有證照也不構成詐欺，而如果小智提出異議時，大岩蛇公司已經完成所有圖面的製作並交付給小智，此時工作已經完成，按照承攬之規定，除非大岩蛇公司同意，

否則小智便只能交付尾款，不得任意終止；至於承攬的部分，只要施工尚未完成，小智都可以不附理由的片面終止契約，只不過需要賠償大岩蛇公司因此所生的損害，包含已完成部分之報酬以及未完成部分扣除成本後應該有的收益！

法白提示 ● ● ●

室內裝修設計與施工契約的契約屬性，另外牽涉到業者可行使的請求權主類及時效，以表格說明如下：

	損害賠償請求權基礎	報酬請求權基礎	時效
承攬	民法第 509 條 民法第 511 條 民法第 229 條、第 233 條	契約約定及民法第 505 條	損賠：1 年 （民法第 514 條第 2 項） 報酬：2 年 （民法第 127 條第 1 項第 7 款）
委任	民法第 546 條第 3 項 民法第 549 條第 2 項 民法第 229 條、第 233 條	契約約定及民法第 199 條第 1 項	損賠：15 年 （民法第 125 條） 報酬：2 年 （民法第 127 條第 1 項第 7 款、最高法院 108 年度台上字第 1524 號民事判決）

相關法律與參考資料：

1. 民法第 813 條。

2. 建築物室內裝修管理辦法第 4 條及第 5 條。

3. 民法第 681 條、第 701 條及第 705 條。

4. 最高法院 43 年台上字第 601 號判決。

5. 民法第 679 條。

6. 民法第 224 條。

7. 民法第 490 條。

8. 民法第 528 條。

9. 民法第 490 條至 514 條。

10. 民法第 528 條至第 552 條。

11. 臺灣臺北地方法院 104 年度訴字第 2382 號民事判決（撤回和解）、臺灣新北地方法院 104 年度建字第 129 號民事判決、臺灣臺南地方法院 102 年度簡上字第 221 號民事判決。

12. 陳邦豪，從設計監造契約定性談業主任意終止契約法律適用之爭議—兼談法律與工程整合之可能，司法周刊第 2073 期，110 年 9 月 24 日。

13. 楊淑文，委任與消費金融精選判決評析，第 217-234 頁，109 年 1 月初版。

14. 臺灣臺北地方法院 104 年度建字第 250 號民事判決、臺灣新北地方法院 104 年度建字第 129 號民事判決。

15. 最高法院 108 年度台上字第 2543 號民事判決、吳志正，民法債編各論逐條釋義，第 247 頁，110 年 9 月八版。

Q06 統包、大包和小包，設計師與工班之間的法律關係通常是什麼？

故事情境

　　小智原本委託大岩蛇設計公司協助法式餐廳的裝修設計與施工，不料雙方後續竟對簿公堂。由於大岩蛇公司已經將圖面製作完畢，小智不得終止契約，法院於是判決小智敗訴。氣憤的小智原本想一併終止大岩蛇公司的「法式餐廳室內工程承攬契約」，但因為當初雙方談好如果大岩蛇公司既作設計也承攬工程，設計費可以減半計收，如此一來小智恐將再給付 53 萬元設計費，於是只好咬牙繼續履約。

　　不過，大岩蛇設計公司營造資源不足，所以將水電工程及燈光工程發包給燈籠魚、泥作工程及油漆工程給臭臭泥、鋁門窗工程給鋁鋼龍、木作工程給蜥蜴王、消防工程給巨沼怪。

　　沒想到施工過程狀況連連，先是泥作進行拆除工程後，未與鋁窗協調，導致窗框過大無法立框，後有木工不熟悉工法由大岩蛇公司變更設計，延誤油漆進場，而消防在消防管箱裝修完成後，又進行管線測試，導致破壞原裝修完成面，消防並要求交由泥作等協助修補等等，一來一往致延宕 3 個月，而小智也不打算展延工期，使得大岩蛇設計公司硬著頭皮被計罰違約金。

A: 不同角色不同權利義務，但還是以契約中約定要給付或是交付的工項為準，而不是只看契約名稱來決定！

完工初驗時，小智發現有數處設計未按圖施工，質疑大岩蛇設計公司私自變更設計，複驗時又發現多項瑕疵，遂要求減少報酬，大岩蛇設計公司自知理虧也只好默默接受，同意小智沒收保留款。

解 析

問題來了，大岩蛇與工班、業主是何等法律關係？工班介面問題是否應由大岩蛇承擔？大岩蛇可以對工班主張何權利義務？

設計師、業主及工班的三角關係？ 🔍

先前討論過，依照內政部所頒訂的《建築物室內裝修管理辦法》，除了營造業可以承作室內裝修施工外，只要僱用相關資格者的室內裝修業也可以兼施工，因此有一些大型的設計公司，確實也具有營造的能力。

根據施工的契約內涵可知，施工目的是為了使業主取得完成的工作物，通常設計師不但需要自備材料，也需要施加勞力，俗稱包工包料。傳統的司法實務見解認為，這種契約使業主除了享有設計師勞動成果之外，同時有取得物料所有權的意思存在，稱為工作物供給契約，兼具承攬與買賣的性質存在，若雙方的意思重在所有權移轉，應認為是買賣契約，相反的，如果雙方的意思重在工作之完成，則屬於承攬，而無法解釋雙方意思時，則屬於兩者的混合契約。

然而，工程案件的業主除了需要設計師完成工作以外，當然也有取得工作成果的意思存在，因此即使是包工包料，絕大多數仍被認為是承攬而非買賣，因此在室內裝修施工契約的定性判斷上，不至於發生疑義。

既然是承攬，原則上只重工作之完成，至於是由何人完成工作，並不是契約的內涵，因此，除非是像《政府採購法》下的公共工程，或是當事人特別約定，否則就算設計師在接案後，將工程全部轉由下游包商來做，也不會影響契約履行。於是，業主、設計師與工班可能依據不同情境，產生不同的三角關係。

情形一：設計師設計完畢後，由業主發包工班（設計後施工）

　　業主與設計師間存在室內裝修設計契約，業主與工班間存在室內裝修施工契約，兩個法律關係相互獨立，設計師不直接與工班產生法律關係。

　　如果設計師的圖說有欠缺或瑕疵，導致工班無法完成工作或產生工作瑕疵，風險須由業主承擔，除非工班明知業主提供的圖有問題外，工班不必負責，業主將來只能向設計師主張損害賠償。相反的，如果設計師的圖沒有問題，但因為欠缺設計師的指示或說明，導致工班無法按圖完成工作，此時須由業主承擔遲延工作的風險，尋求協調工班完成工作的適當方法，頂多在工班可歸責的狀況向其求償遲延損害。

情形二：設計師統包（D&B）

　　所謂統包，是指業主總括性的提出整體目的與需求後，將工程從規劃、設計、採購、施作到完工、維護等工作，在同一契約中全部交由特定設計師（統包商）辦理。統包的優點在於設計師直接指示適當工法並協調工班間之紛爭，減少業主溝通介面及管理之成本；同時，設計師可一面設計一面施工，並可在不影響原定品質與功能

原則下，對設計作適度調整，以收節省工期及彈性變更之效果，在工程實務上，多採總價合約或保證最高價金合約之方式辦理，由於設計師所收取之酬金，是以總價決定，不論設計師後續投入多少成本，均不得另行請求總價以外之報酬，需承擔之風險甚鉅，故為確保原本議妥工作內容與報酬間之平衡多會具體言明統包之意旨。類似的定義亦可以參考《政府採購法》及《營造業法》的相關規定。

　　這種契約底下，設計師提出的契約條件在於一條龍式的承作包含設計與施工在內的全部工作，再由設計師自己或另行尋覓合作之營造廠協助參與施工。此時，設計師須對業主負擔全部之契約責任，至於工班承攬設計師分包的工程（一樣為承攬契約），設計師便是工班的業主，屆時工作如有瑕疵，導致設計師遭其業主究責，設計師可向工班請求負擔瑕疵擔保責任。

情形三：設計師承包部分，其餘協助或由業主自行發包工班

　　還有一種狀況，是設計師沒有能力或意願統包工程，只同意承包一部分施工，其餘可代向業界洽詢，或由業主自行發包工程。

　　這種情形，與第一種類似，設計師與工班各自與業主成立承攬契約，彼此相互獨立不互相干涉。但倘如設計師同意業主監造其他介面或協調溝通，此時設計師可以看作是業主意志的延伸（白話來說，就是分靈體），工班雖然與設計師沒有法律關係，但基於服從業主指示的義務，必須服從設計師的指揮，也就是說，設計師因代業主指揮監督工班，而例外取得對工班的指揮權限。

設計師與工班如何應對介面問題？ 🔍

　　前述的三角關係，涉及風險分配，特別在裝修過程，如果各工程介面產生衝突時，由何人擔負最終的責任。

　　在設計後施工的狀況，由於業主取得設計圖說後，自行尋找願意配合的工班施作，設計師完成並交付圖說後契約即告履行完畢，不必指示或協調後續工班施作的進度，因此，倘若介面整合出現問題，應由業主承擔風險。舉例而言，如果木工因為前端施作的泥作遲延完成，導致工期延誤，此時木工對工期遲延不具可歸責的事由，業主不得對之求償，甚至有可能要對木工因工期展延所滋生的工程管理費等損失，負擔損害賠償責任。

　　在統包的狀況，設計師兼作設計與工程，形成單一的權責介面，若設計師具有完全承作工程的能力，由設計師統一承擔業主之風險，應無疑問。但多數情形，設計師是透過異業結盟藉以承包設計及施工，設計師既然負有提出工程進度表的責任，自然要協調介面整合的問題，因此，倘若介面發生衝突，業主同樣可以將風險轉嫁由設計師承擔，設計師事後再分別視自己與工班之間究竟是何人應負最終責任，而決定由何人對另一方求償。

　　設計師雖然沒有同意承包部分或全部工程，但同意擔任監督監造的狀況，是業主委託設計師辦理工程管理，因此針對管理疏失的風險應由設計師承擔。此時，倘若介面問題是源自於設計師怠於監

造所致，鑒於設計師代業主管理有過失，應視為業主的過失，結果將使得業主無法向工班追究工期遲延之責任，而僅得對怠於監督監造義務的設計師求償；相反的，倘如設計師已善盡善良管理人之注意義務而無可歸責之事由，但介面整合仍出問題，業主只得視個別工班有無可歸責之事由以判斷可否對工班求償。

回到最初的故事情境，大岩蛇公司一併與業主簽立設計契約與施工契約，兩者屬於一種契約的聯立，就後者而言，大岩蛇公司相當於業主的統包。因為大岩蛇公司本身不具規模，因此透過與其他不同包商異業結盟的方式承攬工程，這時候對於業主而言，是大岩蛇公司簡化權責介面，由大岩蛇公司統一對業主負擔工作完成的責任。因此，施工過程所產生的介面問題，均應由大岩蛇公司承擔，包括未適當統合泥作的拆除工程與鋁窗工程的需求、未經業主同意擅自變更木工工作範圍並導致油漆延遲進場，以及未協調消防試驗問題等，均有可歸責之事由，業主可以向大岩蛇公司請求賠償遲延損害，與私自變更設計的不完全給付責任。後續對於工作完成後所產生的價值及效用瑕疵，大岩蛇公司也應負擔擔保責任，修補或由業主減價收受。

大岩蛇公司針對個別工項如果認為有其他應負責的人，則可以對各該工班按照請求相應的賠償，包括木工不熟悉工法所導致的遲延、消防破壞牆面產生的修補費用，以及其他完工後由業主所發現的瑕疵等等。

法白提示

◆ **依角色決定關係**

室內裝修實務上所稱的統包，多是針對業主所扮演角色而言，因此，設計師與統包分別是指設計公司（或工作室）以及營造商（工班）而言；然而一般在探討工程法律問題時，統包較多用來指涉制度或契約形式，所以只要設計公司與業主間的約定包含設計及施工，仍可稱為是統包契約，兩者之間會有些微的差異。

相關法律與參考資料：

1. 最高法院 99 年度台上字第 170 號判決。
2. 政府採購法第 65 條、政府採購法施行細則第 87 條。
3. 民法第 496 條。
4. 臺灣高雄地方法院 109 年度建字第 56 號民事判決。
5. 古嘉諄‧陳希佳‧陳秋華編，工程法律實務研析（三），第 64 頁，2007 年 7 月初版。
6. 政府採購法第 24 條第 2 項、營造業法第 3 條第 6 款規定。

Q07 提案完業主就不理，設計師有保障嗎？

故事情境

　　室內設計師布萊恩最近接洽一位朋友介紹而來的業主，第一次開會時，業主說自己是第一次買房，過去沒有裝潢經驗，詢問布萊恩是否能夠先提出設計方案讓他參考，以決定是否要委託布萊恩進行設計。布萊恩看了看業主的房子，評估如果能夠順利接下這個案子，應該是獲利頗豐，於是答應了。談定之後，布萊恩便到業主的房屋現場丈量、繪製初步的設計圖樣，並且依照業主的要求，修改設計圖樣，但到了第三次討論時，業主向布萊恩表示其設計風格沒辦法符合其想像，所以後續不會委託布萊恩設計，但願意支付布萊恩車馬費及諮詢費用。

　　回到公司後，布萊恩依據其丈量、繪圖及開會等工作內容，估算諮詢費用為 3 萬元，並將帳單寄送給業主。豈知業主收到帳單後卻向布萊恩抱怨還沒正式委託設計，不過是諮詢而已，費用怎麼會高達 3 萬多元，並表示只願意支付三分之一，也就是 1 萬元。布萊恩心想，業主是朋友介紹，看在朋友的面子上，就不再計較，而同意業主的要求。

A: 洽談提案的工作內容、費用時應力求明確，同時採取積極作為保護設計的心血結晶。

事隔半年之後，那個介紹業主的朋友傳來業主房屋裝潢後的照片給布萊恩，一看發現，業主房屋根本就是依照自己當初的設計來裝修。布萊恩頓時感覺設計遭到剽竊，但當初也沒有與業主簽任何書面契約，就又感覺莫可奈何。

解 析

簽立書面契約前的權利義務關係 🔍

　　室內設計除具有高度專業性以外，對於業主而言，設計的良窳更牽涉個人主觀美感以及好惡，因此在初期接洽階段，業主為了能夠進一步地認識室內設計師的風格，一般會希望室內設計師能夠提出初步的設計方案，以決定是否要與室內設計師簽訂正式的設計合約。甚至有些規模較大的室內設計案件，業主可能透過公開招標的方式徵求設計稿件，再擇其心目中最佳人選並與其簽訂合約。

　　儘管只是提出初步的設計方案，室內設計師也須至現場丈量，付出相當程度的勞力、時間及心力來構思設計。因此，縱使尚未正式委託設計，多數室內設計師也會向業主收取丈量費或是諮詢費等費用，以作為其提案的合理報酬。

　　然而，業主在收到室內設計師提案後，有可能基於各種理由未繼續委託設計。此時，就常出現業主以並未正式簽約委託設計為由，推託拒付提案費用，或是要求打折減價的爭議。

　　面對業主拒付費用，室內設計師或許會認為：「我還沒簽書面契約，對方不付錢我能怎麼辦？」，但真是如此嗎？

　　當然不是。

　　契約成立的關鍵在於契約當事人間的合意（意思合致），而非是否具備書面形式。契約的當事人不論是以口頭、簡訊、Email 等方式溝通，只要當事人間就契約的重要內容達成合意，都會被認為

已經成立契約關係。而在契約成立後，基於契約嚴守原則，契約當事人應依照契約約定的內容來履行契約。

　　也就是說，室內設計師在完成丈量或提案的工作後，能否向業主收取丈量費、諮詢費等等的費用，關鍵在於事前是否已經與業主就工作內容，以及相關費用的金額或計算方式達成合意。如果雙方已有合意，則縱使未簽訂書面的委託設計契約，室內設計師在法律上也有權利來向業主請求支付雙方已經議定的丈量費、諮詢費等等的費用。

業主反悔不付提案費用怎麼？　🔍

　　洽談階段所發生的丈量費或諮詢費金額往往不高，約在數千到數萬元上下，如果要循司法途徑向業主請求，考量到需要花費的時間、精力，多數室內設計師可能會選擇放棄。所以說，在大部分的情況下，儘管室內設計師在法律上有請求提案費用的權利，但循司法程序來處理卻不會是最好的選擇。較實際的作法，應是採取適當的措施，盡可能地避免紛爭的產生。

　　所謂適當的措施，**首要是充分的溝通與說明。**由於業主一般不具室內設計專業，其對於室內設計師在提案階段的工作內容或費用的想像，極可能與室內設計師的認知存在落差。因此，如果室內設計師在事前能夠完整地讓業主明瞭提案階段的工作內容（例如現場丈量外，是否包含繪圖、諮詢會議次數或時數、提案方式，以及是

否提供圖面資料、所提供的圖面資料種類），以及相關費用的計算方式（如丈量費、諮詢費、提供圖面資料是否需另行收費等等），並取得業主確認或同意，就能避免雙方認知的分歧，減少與業主因認知差異產生的爭執。

範例訊息：

○○○您好

如果需要提案，本公司會先預收新臺幣 20,000 元的提案費用。提案工作內容包含現場丈量、需求討論（見面會議不限次數），並提供 2 ～ 3 個平面配置方案、案例參考。

如需索取提案內容的簡報、平面圖紙（紙本或電子檔），則會另收新臺幣 10,000 元作業費用。

如後續有正式簽訂委託設計合約，則前述費用可折抵設計費用。

再者，室內設計師與業主溝通、說明過程的資料保存，更是至關重要。儘管室內設計師曾經向業主詳細說明其工作內容與收費方式，難免還是會碰到一些不講理的業主翻臉不認。此時，室內設計師如果有保存當初溝通過程的訊息、Email，便可提出該等書面資料作為憑據。縱使是不講理的業主，在看到完整保留的溝通資料後，態度也會有所軟化。

假使業主堅持不付提案費用，則最終手段便是司法程序救濟一途。**室內設計師可考慮採用支付命令程序，向法院聲請核發「支付命令」。**支付命令程序的優點在於聲請程序簡單、迅速，室內設計師只需要簡單敘明事件過程，並檢附相關資料（例如對話紀錄、Email、提案資料等），經司法事務官或法官書面審查無誤後，無須開庭審理，即可向業主核發支付命令。如果業主在收到支付命令的二十日內未提出異議的話，法院便會核發確定證明書予室內設計師，而室內設計師便可以持確定證明書等文件向法院聲請強制執行（即強制扣薪、扣帳戶存款等）。

順利的話，從聲請核發支付命令到取得確定證明書，大約只需要一到兩個月的時間，相較於一般訴訟程序，動輒耗時半年以上，可以說是相當快速、便利。而且，即使業主於期限內提出異議，法院也會直接將該案件移往民事庭，也就是轉為一般大家較熟悉的訴訟程序，室內設計師無須再另行起訴。在案件移往民事庭後，法院會另行通知雙方到庭，由法官開庭審理並作成判決。當然，室內設計師如果判斷業主必定會提出異議，也可以一開始便選擇提起一般訴訟，節省前面支付命令異議程序的時間。

失去的恐怕難以要回來 —— 剽竊創意 🔍

比起未收到提案費用，室內設計的創意遭到剽竊更令人氣憤，然而業主在收到提案內容後，直接拿著設計師的提案，交由第三人

來施作室內工程，剽竊室內設計師創意的案例卻是時有所聞。

　　遺憾的是，臺灣的《著作權法》實務對於室內設計的保護目前尚無一致的見解。智慧財產局函釋認為，《著作權法》只保護室內設計圖樣本身的著作，但如果是依照室內設計圖紙施作工程則為「實施行為」，並不構成著作權的侵害。而法院雖然有部分的判決見解認為，室內設計應屬於建築著作，依室內設計圖施作工程的實施行為構成著作權的侵害，但也有判決是採取否定的看法。

　　總結來說，室內設計師要保護自己的心血結晶，恐怕不能只是消極地期待《著作權法》的保護，而需要採取更積極的作為，像是**與業主以契約明訂設計稿件僅限於投標或徵選程序或使用，又或是在達成協議前，盡可能避免提供業主完整設計稿件的書面或電子檔。**

　　假使業主具有顯著的談判地位優勢，導致室內設計師無法採取任何積極作為，則**室內設計師在提供設計稿件之前，也可以先向同業探詢業主過去有無不良紀錄，或是上司法院法學資料檢索系統，查找業主過去是否有著作權相關爭議的判決**，藉此避免踩雷。

法白提示

◆ 洽談提案的工作內容、費用時應力求明確

只要是雙方確認過的內容,不論是否簽立書面契約,都會發生法律上的拘束力。因此,洽談提案的工作內容、費用時應力求明確,並取得業主的同意,替自己爭取法律上權利的保障。

◆ 採行保護措施前避免提供業主完整設計稿件

採取積極作為保護設計的心血結晶,例如提案前要求簽署智慧財產權協議,查核業主過往有無不良紀錄等等,在此之前避免提供業主完整設計稿件的書面或電子檔,以防被整碗捧去。

相關法律與參考資料:

1. 民法第 153 條第 1 項。
2. 民事訴訟法第 508 條第 1 項、第 515 條第 2 項、第 516 條第 1 項。
3. 著作權法第 3 條第 1 項第 5 款。
4. 智慧財產局 107 年 10 月 01 日智著字第 10716009930 號函釋。
5. 智慧財產法院 109 年度刑智上易字第 39 號刑事判決。
6. 智慧財產法院 108 年度民著訴字第 124 號民事判決。

Q08 租客有權利可以裝潢房屋嗎？有糾紛時室內設計師要負責嗎？

故事情境

　　凱琳五年前在臺北投資了房產，該房產的目的主要是希望透過租屋賺取額外的生活費用。最近，一位在金融機構上班的 29 歲男子哈利想要成為凱琳的第三位租客。而哈利因為非常滿意這間房子，簽約之後就迫不及待地找從事室內裝修的設計師摯友布蘭幫他裝潢。

　　布蘭也不疑有他：「我們這麼多年的朋友，這有什麼問題！」一口答應後，也在三個月後完成裝修。某日，凱琳因為要出國旅遊而想要拜託哈利幫忙餵貓，登門拜訪後頓覺恍如隔世：「這真的是我當初租出去的房子嗎？」一氣之下，不但取消了機票，也打算把「毀壞」房子的人——哈利跟布蘭告上法院。究竟，這三個人之間的糾葛，要如何理清呢？

A： 使用權不等於所有權，合法進行室內裝修仍須房東同意，但原則上責任是租客要承擔！

解 析

使用權與所有權的差異 🔍

　　首先，租客與房東成立的是關於不動產的租賃契約，租客支付房租，而房東提供房屋給租客使用收益。也就是說，在這樣的關係下，租客哈利取得的是使用權，而房東凱琳再將房屋出租的這段期間仍然是屋主，享有所有權，只是在租期間，要忍受哈利在合理範圍內使用這間房屋。

　　原則上，《民法》基於契約自由原則，對於各種契約類型都只規範了最基本的權利義務關係，基本上契約雙方要約定什麼跟《民法》不一樣的內容，無論是更嚴格或更寬鬆，或《民法》沒有規定的內容都是可以的。但隨著工業的迅速發展，大工廠、大企業的成形，交易這件事不再是單純的甲乙方，而是演變成甲方擁有特別多的資本，且比乙方強大許多，並且為了有效率地進行交易，甲方會事先設計好一份契約，消費者基本上沒有與其進行磋商的機會。

　　於是，政府為了保障消費者的權益，對於這種定型化契約的出現，也有針對其各種類別而生的「應記載及不得記載事項」，如果有違反前列事項者，雙方就該項約定會無效；而沒有約定的應記載事項，也會強制有效，以妥善保護弱勢的消費者。

　　租屋市場自然也有需要政府介入之處，行政院對此訂有《住宅租賃定型化契約應記載及不得記載事項》，其中許多規定也有助於釐清租客的使用收益範圍，尤其是關於室內裝修這部分。

租客有權利裝潢租屋嗎？ 🔍

　　根據行政院前述《住宅租賃定型化契約應記載及不得記載事項》的規定，租客如果有得到房東的同意，就可以進行室內裝修，只是還是要注意原有建築結構的安全。並且關於租客自己裝修的部分，日後如果壞掉，也是要由租客進行修繕。

　　因此，租客如果有想要裝潢的打算，一般都建議可以跟房東談簽長期一點的契約，以衡平裝修的費用。並且也要注意雙方在租期到期後，是約定回復原狀還是要現況返還。如果是前者，最後在搬離時，租客還負有把房屋回復到原先沒有裝修的狀態，對於租客而言，也是一筆不小的費用；如果是後者，在租賃關係終止時，只要房東對裝潢知情並且有增加房屋的價值，租客就可以向房東請求償還所支出的費用，這筆費用在法律上被稱為**「有益費用」**，其計算方式是以「現存價值」為基準，亦即其必須要扣除折舊。

　　實務上進一步說明，現存增加的價值與當初支出的費用是兩回事，如果現存增加的價額，多於所支出的費用的話，就應該償還所有費用，如果是少於所支出的費用的話，則只須要償還房屋現存增加的價額就好。

　　回到故事情境，哈利如果事先取得房東同意的話，當然可以裝修。但畢竟房子仍然是房東凱琳的，對於裝修房屋這種會影響房屋本身的行為，所有權人的意見自然需要納入考量，哈利沒有先徵詢

凱琳的意見就請布蘭來施工的行為，已經違反前述定型化契約應記載事項的相關規定，凱琳是可以請求拆除的。

幫租客裝修，有可能會被房東告嗎？ 🔍

在故事情境裡面，房東凱琳對哈利自作主張裝修的行為非常不以為意，並打算要連來施工的布蘭一起告，現實上有機會告成功嗎？

原則上，契約關係只存在於雙方當事人間。也就是說，關於租房糾紛，哈利跟凱琳可以依據他們所簽訂的契約向彼此請求履行應該要履行的義務；而關於裝修糾紛，契約則是存在於哈利跟布蘭間，關於房子沒施工好、沒有準時完工、沒有給付對價等問題，都是單純哈利與布蘭透過契約解決的問題。

而布蘭跟凱琳間並沒有契約關係的約束，所以在此可以討論者即為《民法》上侵權行為的相關規定。

一般來說，如果裝修的過程合乎建築法規，施工的本身並沒有問題，但是房東跟租客單純因為裝修的問題無法達成共識，那麼室內裝修業者也不會因此被波及。只有在室內裝修業者施工本身有問題，而導致房屋有損害，比如導致漏水或是牆面破裂，這時候房屋所有權人才有機會可以對裝修業者請求侵權行為的損害賠償。

具體而言，《建築法》及其相關法規的重要的立法目的，就是為了要確保建物的結構安全，並且在建物完工後，大家可以安全地居住在合乎建築法規的建物內，使人民的生命、身體及財產妥善受到保護，因此如果相關從業人員違反這項規定而導致別人受有損害，受損害人就可以向室內裝修業者請求損害賠償。

如此一來，室內裝修業者基本上只要是施作合乎建築法規的工程，以及與業主保持良好的溝通，並不需要過度擔心被告的問題。

想要把整層樓改裝成隔間套房，可以嗎？ 🔍

假設今天找上布蘭的不是租客哈利，而是房東凱琳，她聽別人說把租整層的模式改為隔間套房，隔成一間一間的更賺錢。這樣的作法，作為室內裝修業者的布蘭可以答應嗎？

雙北地區的住房需求一直居高不下，許多房東為了賺更多錢，希望把原本一整層樓的空間變成隔間套房，這樣就可以多收幾份房租，而房客也能以稍微低廉的價格租到自己的小空間，聽起來是雙贏的局面。然而這種方式，卻引發不少包括抗震力等結構安全的質疑，甚至在近幾年來，幾場重大事故如新北市中和區、彰化市、臺中市都有隔間套房發生火災的新聞傳出。

也因此，雙北、桃園、臺中等地都有要求如果屋主有意想要將樓層改裝成隔間套房（只要是會造成分間牆變更或樓地板墊高的情

形），就需要取得「直下層同意書」才可以施作，否則會無法取得「室內裝修許可證」，這時候凱琳如果仍然堅持裝修，那麼兩人都會違反《建築法》的規定。

直下層所有權人同意書是什麼？ 🔍

所謂「直下層同意書」，目的就是為了避免有施工超出建築承重負荷的情況，導致建築危安問題，因此要求欲施作者必須徵求正下方「所有權人」的同意，這個同意也是申請程序的一環。除了建築安全的問題，隔間套房的改裝同時也可能影響住戶的安寧，也可能導致漏水的問題發生。臺北市的規範，是要求在要增設 2 間以上衛浴、或增加、變更分隔牆時，就需要取得直下層所有權人的同意。其他各縣市政府是否需此份同意書、在什麼情況下須取得同意書，則需視各縣市政府規定而定。

由於法規範要求必須是「所有權人」的同意才可以，因此在取得同意的時候，也要注意下層住戶是不是租客，並且也要注意該住戶是否有 2 人以上的所有權人，若該戶有超過 1 人以上的所有權人共有，則必須取得所有的所有權人同意才行。另外，由於目前申請過程中有 5 處皆須檢附直下層所有權人同意書，因此建議一次就取得完畢，以免事後對方反悔衍生爭議。為了要能夠取得同意，建議欲施作為分租套房者，親自向直下層的所有權人說明規劃，盡量展現誠意並盡禮數以爭取住戶同意。

◆ **擺設與粉刷不須經房東同意，依法裝修則必須**

如果是需更動牆面等裝修，設計師可要求委託的租客提供房東同意證明，但如果只是希望可以變更擺設、重新粉刷牆壁等不會動到房屋基本結構的行為，而不符合法律所規定的「裝修」的要件，就不需要事先得到房東的同意。不過，如果最後租約到期要搬走時，想跟房東請求支付前面所謂的有益費用時，仍然讓房東知情也可以，因此如果有這層考量，還是建議對房屋進行改動時，可以先徵詢房東的意見。

相關法律與參考資料：

1. 民法第 184 條、421 條、431 條。
2. 消費者保護法第 17 條第 4 項、第 5 項。
3. 住宅租賃定型化契約應記載及不得記載事項第 10 點。
4. 最高法院 103 年度台上字第 1613 號判決。
5. 臺灣臺南地方法院 106 年度消字第 2 號判決。
6. 臺灣高等法院 110 年度上訴字第 1691 號判決、最高法院 111 年度台卜字第 2323 號判決。
7. 聯合新聞網（2022），〈影／興中街大火 6 死梯間堆雜物 消防員：悶燒成烤箱〉，https://udn.com/news/story/122711/6145321。
8. 自由時報（2022），〈驚悚！彰市大樓出租套房清晨竄火救出 14 人〉，https://news.ltn.com.tw/news/society/breakingnews/3950626。
9. 新北市政府辦理建築物裝修為多間套房審查原則第三點。
10. 建築法第 77 條之 2、第 95-1 條。

Q09 家電或擺設採購超過首次報價怎麼辦？

故事情境

　　工程師小汀在長年努力後，終於在 30 歲買了人生第一棟房子，為了讓房子如夢想中完美，小汀找了在 YT 上經常教人怎麼擺設的網紅室內設計師小喬，來幫新屋裝潢設計並施作工程，兩人討論後，小汀決定將全屋（含陽臺、衛浴）的裝潢整修工程交由小喬，而小喬在評估後提出設計圖與報價單（含家具、家電及衛浴設備）給小汀看，小汀看完後十分滿意，希望小喬盡速動工，小喬便提出總價為 200 萬報價單給小汀確認，小汀也口頭向小喬表示同意。在快完工時，小汀向小喬表示報價單上僅記載 4K 電視，並未記載電視品牌，於是，詢問小喬使用的廠牌為何，小喬回覆為「○米」後，小汀表示希望可以換成價格貴一倍的「○星」電視，小喬隨即照小汀的指示處理，不過，小喬也因此發現該採購超過會讓總額報價單上所載的金額，而且當時報價單未列入部分衛浴設備，於是，小喬便向小汀表示要增加費用，使工程總價超過原先約定的 200 萬，小汀得知後直呼離譜，表示怎麼可以突然提高價格，因此不同意小喬提高工程總價，而且 4K 電視是相同規格，不應該超出報價單的範圍；小喬則表示他都是依照設計

圖與報價單施作，而且設計圖小汀也看過並表示同意，4K 電視雖
然是相同規格，但廠牌不同價格本來就不同，況且他是依照小汀
的指示處理，新增的費用小汀當然要付款。

解 析

前述故事情境乍聽之下，小汀跟小喬的說法都有自己道理，那法律上是怎麼樣看待這樣的問題呢？

報價單也是一種契約 🔍

在一般商業實務，經常會以報價單的形式來當作交易文件，要求對方確認並簽名（簽認）後回傳，再依據報價單上的記載作業，其實這樣的商業往來過程，在法律上就契約成立。

並且因為《民法》第 153 條有規定：「當事人互相表示意思一致者，無論其為明示或默示，契約即為成立。」這條的意思簡單來說，就是當雙方彼此發出想要成立契約的意思時，契約就會成立，而在室內裝修工程實務中，經常以報價單契約意思的媒介，當廠商向業主報價時，其實是在對業主發出報價單內容（可能包含價格、材質、品質、規格、數量等）成立契約的請求，一旦業主在上面確認並簽名，代表說自己明白報價單上的記載，而自己也願意受到報價單的拘束，同意廠商依報價單上的記載施工。

但經常發生的狀況是，當廠商給業主報價單時，業主可能會以口頭方式向廠商確認，或是廠商用 Email、LINE 等通訊軟體傳送給業主，業主僅回傳確認的意思，並未實際在報價單上簽認，這時候在法律上又算什麼呢？

其實，在契約的世界中，原則上不拘泥用什麼方式成立，任何

方式都可以成立契約，就像去便利商店買杯咖啡，也不會跟店員簽書面的買賣契約一樣，只要外在的行為顯示了有想成立契約的意思，甚至不用說一句話，都會成立契約，所以說，當廠商將報價單傳給業主時，只要業主傳達了他同意的意思，不論是用口頭、Email、LINE 等方式，都可以算是契約成立。

不過，在工程實務上也經常遇到的情況是，雙方有時候會約定要用書面方式，比方說要變更工程總價的話，要以書面方式確認等，但最後卻沒有用書面，這時候也算數嗎？

這個問題就比較複雜一些，有些聰明的讀者可能會查到《民法》第 166 條：「契約當事人約定其契約須用一定方式者，在該方式未完成前，推定其契約不成立。」這感覺上是在說，如果不用約定的方式就無法成立契約，但其實不完全是這樣的。

以工程實務中經常約定要用書面方式變更總價，比方說：「涉及工程總價之變更，均需雙方簽訂書面並完成用印後始生效力。」這表面上看來，依《民法》第 166 條的規定，雙方約定要用書面成立變更契約總價，就應該用書面完成，沒有用書面的話，法律上會推定這個變更不成立，而推定其實就是「預設」的意思，也就是一旦沒有用約定的方式作成契約法律上會「預設」那個契約不成立，不過，既然都叫「預設」了，那就代表說可以舉出證明推翻，更精確地說，可以去證明雙方並不是約定一定要用書面去變更工程總價，而是為了其他需求（比方說有個書面留存比較保險）才希望用

書面，至於是不是有其他需求，就要回歸當事人之交易模式及一般交易常態來判斷。因此，並不是所有約定都要用書面方式。

未列入報價單的衛浴設備誰買單？ 🔍

剛剛說到，報價單也是一種契約的型態，那必然是經過契約雙方確認，並且都願意受到契約的拘束，而契約內容的範圍基本上需要觀察雙方意思表示的範圍到哪來決定，在有書面契約時，當然就是以書面記載為主，在沒有書面的狀況下，則會以雙方磋商的紀錄或交易習慣、常態做判斷，不過，本故事情境中卻出現一個弔詭的情況，就是雙方約定的範圍是全屋的裝潢整修工程，小喬所提出的設計圖也包含衛浴乙項，但在報價單上卻沒有出現，這種「設計圖（圖說）」與「報價單」記載不一致的情形，究竟要如何判斷呢？

其實這裡是涉及到一個契約風險分配的問題，在一般工程實務中，是由業主（承攬契約中的定作人）提供設計圖說及工程價目表，使廠商（承攬人）得以完整估價，再加以投標，而當圖說或規範中列明的工項，業主（定作人）提供之工程價目表卻遺漏該項目，廠商依圖說仍有必須施作的義務，工程實務上稱為「漏項」，這時候我國法院實務在總價承攬契約的情形，會衡量雙方締約狀況及實際施作數量、價格的落差，依誠信原則加以分配風險，簡單來說，廠商不見得可以向業主請求漏項的報酬。

不過，在本故事情境中可以發現，雖說小汀已經簽認報價單，但事前的設計圖中確實有衛浴設備的記載，當然會讓小汀認為施作範圍包含衛浴設備，況且小汀與小喬當初約定的也是全屋的裝潢修繕工程，最重要的理由是，小喬負責全屋的裝潢設計，依自己的設計繪出設計圖，並依設計出具相應的報價單，小喬自然可以評估所需要的材料、價格，並不是前述典型會出現的「漏項」，而是明顯因小喬自己的疏忽所造成，因此，當這種都是由小喬提供的「設計圖（圖說）」與「報價單」記載不一致所產生的風險，法院實務判斷時就會認為這是小喬應該承擔的風險，而不是小汀來承擔，況且在一開始兩人約定的範圍就包含衛浴設備的裝修工程，也是在契約範圍內，所以，這時應該由小喬來為這個錯誤買單，小喬不能向小汀請求增加工程款。

更換電視廠牌也要小喬買單？🔍

　　在工程契約實務中，常常會發生當時簽立契約沒想到的狀況，而如同上面講的一樣，法院通常會參酌交易習慣與衡量誠信原則補充契約、進行風險分配，在故事情境中報價單謹記載「4K 電視」而未記載電視品牌，小喬基本上只要是安裝 4K 規格的電視就符合雙方契約約定的內容了，而當小汀在簽認報價單後，才向小喬指定電視品牌，而該品牌價格又高出小喬準備使用品牌的一倍，法院實務曾認為，廠商使用符合規格但選用較低單價之材料，並不違反契約，反而是在簽約後，業主才指示廠商必須使用符合契約規格但單

價較高的材料，導致廠商施工成本增加，依據誠信原則，應該要由業主來負擔增加的施工成本，換句話說，廠商得依誠信原則向業主請求增加工程款，小喬可以向小汀要求更換電視廠牌所增加的費用，事實上，這樣的判斷也是相當合理的，畢竟，小汀如果真的要指定電視品牌，應該在當初在契約簽立的時候就應該反應，讓小喬能重新評估願不願意用同樣的價格提出新的報價，而不是在開工後，小喬可能已經準備好材料後才指定，這樣不僅使小喬無法重新評估報價，更可能使小喬已經備好的材料需要替換，徒增爭議跟成本，因此，故事情境中比較合理的解決方式是，小喬可以向小汀要求更換電視廠牌所增加的費用。

法白提示 • • •

◆ 以書面方式立契約最有保障

雖然說契約並不一定用書面方式才會成立，但用書面方式還是比較好，尤其在工程實務當中，常常會有追加減、業主指示變更等狀況發生，有個雙方都簽認過的報價單，在發生爭議時，往往是最有力的證明，所以，提醒不論是室內設計師或是業主，都應該要好好確認報價單的內容，就算事後有變動，也盡量用書面方式變更比較好。

相關法律與參考資料：

1. 臺灣高等法院臺中分院 110 年度建上更一字第 63 號民事判決。
2. 臺灣高等法院 103 年度上字第 779 號民事判決。
3. 最高法院 103 年度台上字第 713 號民事判決。
4. 臺灣高等法院臺中分院 97 年度建上字第 8 號民事判決（此判決雖遭最高法院 98 年度台上字第 1517 號民事判決廢棄，但廢棄理由並沒有認為此判決操作誠信原則有錯誤，而是部分事實沒有詳查，因此，還是將此判決附上）。

Chapter 02

設計人的
智慧財產小教室

Q10 從事室內設計，
##　　 需要注意商標保護嗎？

故 事 情 境

　　阿剛計畫自己開設一家室內設計工作室，喜歡搞怪的阿剛思考著如何讓自己的工作室更容易讓大家認識呢？他想要發揮創意，取一個響亮的名稱，一定能夠讓大家印象深刻。他左思右想，看到桌上去巷口便利商店買的微波食品，而決定把工作室取名為「超 OK 設計工作室」，想標榜著自己的設計成果不但「超OK」，服務又像便利商店又快又好。

　　為了讓自己工作室形象更徹底，阿剛以知名連鎖便利商店的LOGO 為基礎做修改，並將工作室的招牌以便利商店的白底紅線條為基礎，讓路過的路人一看招牌就會聯想到便利商店。設計圖畫完之後，阿剛對於自己的創意相當興奮，覺得一定會造成轟動，但就在他跟朋友分享這樣的創舉後，朋友卻澆他冷水，提醒他不要因此侵害到別人的商標權……

A： 和其他產業一樣，要長久經營自己的商譽和事業，申請商標能夠讓幫助品牌行銷，並且防止侵權！

解 析

什麼是商標呢？ 🔍

　　當我們很認真經營事業，為客戶提供良好的商品或服務，為自己事業打造出良好的商譽，接著就會期待這樣的口碑可以更容易被其他的潛在客群所知悉，而獲取更多商業利益。那如何讓這樣的事業形象可以更容易被大眾所認識及記憶，「商標」就是一個很棒的工具。例如，我們可以為自己的事業取一個很有特色的名稱、或是繪製特殊圖案作為公司形象。

　　「**商標**」，其實就是商業標示，商標的註冊人可以享有商標的專用權利，防止他人在沒有經得同意前，不得使用相同或近似的商標，避免消費者有混淆誤認的可能。商標的**目的就是要維護市場的公平競爭，也可以保護消費者的權益**。

　　白話來說，為什麼我們看到打勾符號，就會想到運動品牌、為什麼我們看到被咬一口的蘋果圖案，就會想到 3C 產品、為什麼我們看到兩個黃色拱形，就會想到速食餐點。而有印著這些圖案的商品，可能價格會比其他同類商品再高一些，但是我們就是對這樣商品的品質比較有信心，進而消費。這一切都是因為「商標」。當消費者看到這些標示，就會和事業的形象有所連結，更有辨識度和記憶點。但若其他人也在自己的商品上加上打勾、蘋果圖案、兩個黃色拱形，讓消費者產生誤會，偷蹭別人的商譽，就一定不是業者所樂見的，所以需要《商標法》的保護。如果沒有經過同意就使用別人商標，就可能會產生民事及刑事責任。

什麼可以申請商標？ 🔍

要取得商標權，就必須先申請註冊。

《商標法》第18條指出，商標是指以文字、圖形、記號、顏色、立體形狀、動態、全像圖、聲音等，或其聯合式所組成任何具有識別性的標識。所謂**「識別性」**，是指足以使商品或服務的相關消費者辨識為指示商品或服務來源，並能夠和他人的商品或服務予以區別。所以在文字商標，如果只是描述指定商品或服務的品質、用途、原料、產定、或相關性的說明，就不能申請商標，例如寢具申請「記憶」二字就不能作為枕頭或床墊商品的商標。而單純的數字、簡單線條或基本幾何圖形，也不能申請商標。

文字商標在識別性的強弱，可分為三類：獨創性商標、隨意性商標、暗示性商標。所謂的**「獨創性商標」**，也就是並非沿用原有的詞彙或事物，而是商標申請人獨創發想的，例如「SONY」、「Google」等等，這樣的商標因為識別性高，比較容易通過商標申請；**「隨意性商標」**是以現有的詞彙或事物，用在沒有完全關聯的商品或服務，例如「蘋果」用在 3C 產品、「白馬」用在磁磚等等，但是就不能將「蘋果」用在水果店；**「暗示性商標」**，則是暗示商品或服務品質、功用或其相關成分、性質等特性，例如「一匙靈」用在洗衣粉商品等，因為這樣的名稱區別力薄弱，名稱就必須不是其他同業經常用以說明的詞彙，才能申請商標。例如，餐飲店就不能用「超好吃」作為商標名稱。

商標除了大家比較熟知的文字組合、圖形（Logo）、記號外，還包括顏色的搭配，例如白底加上橘、綠、紅條狀顏色招牌，會讓大家想到 7-11；或是紅、白、藍色調的組合，會讓大家想到中油加油站。這樣的顏色所帶出的視覺形象，也是可以申請商標的。

因此，設計師就要特別留意，在建築物外觀或室內裝潢設計上，就應該避免和著名廠商「撞色」，以免被認定有侵害商標權的可能性，例如，明知道業者是在賣珠寶的，但刻意把室內環境設計成淺藍色（國際色卡號碼 Pantone Number 為 PMS183），可能就會讓消費者聯想到知名國際品牌「Tiffany」，進而導致侵權問題。

此外，立體形狀也可以申請商標，小從金莎巧克力的包裝（球狀金黃色包裝紙，再以咖啡色包裝紙為底）、可口可樂玻璃瓶（曲線瓶、瓶身下半段有一如腰身凹入處，瓶身上有規則的直線條紋）的造型，大到臺北 101、世博臺灣館的建築外觀，也有申請立體商標。因此，假若設計師設計了有創意的建築物，希望避免被大家模仿、或被做成周邊商品，也可以申請立體商標取得保護。

如何申請商標？取得商標後，就可以用一輩子了嗎？ 🔍

想要申請商標註冊，第一步要做的就是先上「經濟部智慧財產局商標檢索系統」網站查詢想要申請的商標是否已經有人在使用了。系統中可以用查詢文字和圖形，對商標狀況做初步的了解。

提出商標註冊申請後，接著就是主管機關智慧財產局（以下簡稱智財局）做實體審查。主管機關就會針對提出的商標做「識別性」（詳如前述）及「近似性」（有沒有和其他已存在商標相似）的審查。如果通過審查，申請人就可以繳納註冊費、請領商標註冊證。如果不幸的，審查沒有通過，商標註冊失敗遭到核駁（有時主管機關在核駁前會給申請人補充意見的機會），但申請人還是很堅持希望這個商標能夠申請下來，那可以針對智財局的決定提出行政救濟（訴願、行政訴訟）。

　　如果商標通過審查，智財局會公告商標，社會大眾如果發現該註冊商標缺乏識別性，或是和其他已經註冊完成的商標具有近似性，或法律規定不能註冊的原因，可以在三個月內向智財局提出異議。而被提出異議的申請人可以用答辯書來否決異議人所提出的質疑。相較於異議，商標的利害關係人也可以提出「評定」（原則上必須在商標公告註冊日後五年內提出），說明註冊商標侵害到自己的權利，要求撤銷商標註冊。

　　此外，商標是有期限的，商標自註冊公告當日起，由權利人取得商標權，商標權期間為 10 年，如果期間屆滿，就必須提出延展；但是如果商標註冊後無正當理由，沒有使用或繼續停止使用滿 3 年，智財局可以依第三人的申請，廢止商標註冊。例如國內知名樂團「蘇打綠」，因為團名在商標註冊時商標權人是前東家，「蘇打綠」為了取回團名的使用權，就選擇不使用「蘇打綠」名稱 3 年，再嘗試向智財局提出廢止商標註冊。

◆ 申請商標有保障

《商標法》可以保障商標權人的商業形象和利益，如果侵害到商標權人的商標權，嚴重一點，可能會招致刑事責任。

相關法律與參考資料：

1. 經濟部智慧財產局商標檢索系統網站：https://twtmsearch.tipo.gov.tw/OS0/OS0101.jsp。
2. 智慧財產及商業法院 110 年度民商上字第 7 號民事判決。
3. 商標法第 18 條。

Q11 為什麼申請專利對於室內設計師有幫助？

故事情境

　　羅伊是一位室內設計師，剛離開公司自行開立設計工作室執業，由於十分喜愛圓弧線條的柔順感，因此決定在業主可以接受的情況下，以「無直角」風格作為工作室的設計特色，雖然直角在空間運用上較能夠針對家飾家具做有效搭配，但無直角的線條讓整體空間更為圓潤可愛，深受年輕族群喜愛，在剛出道完成少數案子後就聲名大噪，除了住宅作品外，也吸引了許多時尚和家電品牌委託設計旗艦店。為了在市場中保持自己風格的獨特，並且保護自己花費心力的設計，羅伊想要尋求法律的保障，因此和先前協助申請商標的律師喬許聯絡，詢問看看還有沒有其他方式可以協助他保護他擅長的「無直角」室內設計，而喬許告訴他，雖然目前少有室內設計師申請專利，但在我國法院與法規同意室內設計也可以申請專利之後，將能夠擴大室內設計師智慧財產權的保護範圍，甚至是讓取得專利的室內設計也可以透過授權等方式另外開展業務，這將是未來的趨勢，因此建議羅伊去申請專利。

A： 申請專利雖然和商標一樣要花費部分成本，但經過專利審查取得專利的室內設計，在市場上會更為稀有，除了權利保護更完整外，也有進一步授權取得獲益的業務經營方式，是可攻可守的保護手段！

解 析

什麼是專利？ 🔍

　　在 Q10 文章中，介紹到如何透過商標來保護室內設計師的心血，現在則要介紹專利制度以及相關的法律能夠帶給室內設計師什麼樣的保障。

　　專利和前面提到過的商標一樣，屬於智慧財產權的一項類別，目的皆是為了保護人們透過自己的智識和精神活動創造出來的成果，進而設計的保護規範或是制度。依照我國的《專利法》，專利可被分為三種：**發明專利、設計專利與新型專利。**

　　可以申請專利的發明，指的是利用自然法則的技術思想產生的創作。 而這類利用原本自然界中就存在的規律，像是能量不滅或萬有引力定律所產生的技術思想來進行的創作，必須要含有技術的成分，並透過該技術來解決某項問題，才是可以申請專利的發明。

　　舉例來說，萬有引力定律本身，只是一個自然界的規律，並沒有可以技術性，所以不能申請發明專利，但如果今天有一項發明，是利用萬有引力來解決人類生活中的一項問題，這個解決方法，就是可以申請專利的發明；另外如果在路上發現一個石頭，即便它屬於從未被別人發現的礦物，但單純發現這件事，並沒有技術成分在裡面，所有也不會被認為是發明；違反自然法則，像是聲稱發明永動機，會因為它違反了熱力學的基本原理，而被認為違反自然法則，因此也不符合發明的定義；沒有運用到自然法則，像是遊戲規則或競賽規則，因為需要藉由人類的推理或邏輯等才能執行，這樣的規

則本身不具有技術性，不屬於《專利法》保護的發明；除前面舉例的幾種情形外，非技術思想、技能、單純資訊揭示和美術創作，也都不屬於可以申請發明專利的事項。

　　可以申請專利的新型，指的是利用自然法則之技術思想，對物品的形狀、構造或組合進行的創作。依照我國的《專利法》，新型專利的申請將會以形式審查的方式進行，針對申請是否屬於物品形狀、構造或組合；有沒有妨害公共秩序或善良風俗；說明書、申請範圍、摘要跟圖式有沒有依照法規揭露必要事項，以及揭露事項清不清楚等要件來進行審查，而不針對新型專利的申請是否有符合專利的前提：利用自然法則之技術思想的實體審查。

　　依照新型專利的定義，所謂針對物品的形狀、構造或組合進行的創作，可區分為**「物品」、「形狀、構造或組合」**這兩大要件，其中物品，必須有確定的形狀，並且物理上占據空間才算，像是保溫瓶、水壺和房子都是；形狀部分，則例如三角形的握把，這類物品外觀上的輪廓或形態，即屬於此要件中所稱的形狀；構造則是指物品的內部或是整體的構成，像是有不同層狀構造的濾網、有可折疊龍骨的腳踏車，整體由許多不同零組件組成，且並非以零組件本身原有的機能來運作的結構，即屬此處的構造；關於組合的部分，則是指兩個以上具備獨立機能的物品組合裝組而成者，像是濾網與冷氣，或寶特瓶蓋與瓶身就是組合。

室內設計要怎麼透過專利保護？ 🔍

　　除了發明跟新型專利外，最後一種專利的類型，則是與室內設計最有關聯的一種，也就是設計專利。依照我國《專利法》的規定，**可以申請專利的設計，是指對物品之全部或部分的形狀、花紋、色彩或是其結合，以視覺的訴求來進行的創作**，而法規中也明確規範，應用於物品之電腦圖像及圖形化使用者介面，也可以申請設計專利。

　　設計專利的規定和新型專利一樣，要求設計必須要是應用在物品上，才能夠申請設計專利，換句話說，**要申請專利的設計，必須要是應用在物品外觀的創作，並在申請時以圖式中顯示的物品外觀為主，和說明書中記載關於物品和外觀的說明，一同構成申請設計專利的範圍。**

　　原則來說，因為必須要應用在物品上，所以這個物品必須要是立體的有形物體，像是工業設計、家具設計、建築設計以及空間設計，都是將設計應用在這些實體呈現的物品上，才能夠申請專利。不過依照法規的規定，為因應現代科技的發展，針對透過電腦程式這可以供產業利用的實用物品所產生的圖像設計，像是電腦圖像（Computer Generated Icons）和圖形化使用者介面（Graphical User Interface），《專利法》也肯認它是可以申請專利的設計。

　　而設計專利所保護的標的就是應用在物品的形狀、花紋和色

彩，或是這三者之中彼此的結合，透過視覺訴求作出的創作，而不包含聲音、氣味或觸覺這些與外觀無關的創作。

此外，由於專利制度很重要的目的，在於促進產業發展，因此我國《專利法》也明文列出對此目的沒有幫助，明定不會給予設計專利的項目，包含純功能性的物品造形、非視覺性創作、純藝術創作以及違反倫理道德的設計。

像是螺帽的螺牙、螺絲起子的刻紋造形這樣單純為了功能性考量而沒有創作出視覺外觀者，就屬於純功能性的物品造形、無法透過生產程序重複製作的藝術創作、以功能性配置作為考量的積體電路或電子電路布局，與毒品吸食器或改造槍枝等違反公序良俗的設計，都屬於法定不得申請專利之項目。

而像是建築物的外觀和房屋內的室內設計，依照我國 2020 年設計專利實體審查基準的修訂之後，並明定是可以申請設計專利的項目，並且也以範例說明室內設計的揭露方式。

室內設計成為《專利法》律保護標的 🔍

室內設計在我國正式成為法律明文成為專利保護標的的歷史其實不長，在 2005 年版本的專利年版本的專利審查基準中，曾直接以房屋和橋樑作為例示，認定這類建築物、室內或庭園等不動產設

計不屬於新式樣（現在的可申請專利的設計），因為當時認為新式樣必須具備固定型態，且是可以被消費者單獨交易的動產。

　　而到 2013 年時，因應《專利法》修法並全面修正審查基準時，並刪除前述規定，正式認定設計專利不再限於可獨立交易的動產。但在此之後，關於建築物設計或室內設計等不動產設計，依法到底能不能申請設計專利，仍是一個疑問，因此在 2020 年審查基準再次修正時，就在設計專利審查基準中直接規定設計專利可以是建築物設計、室內空間和橋樑設計等，並在審查基準中，以廚房部分的設計圖式，說明室內設計申請專利時，應包含立體圖和其他視圖來充分表現「主張設計之部分」作為揭露方式，如果沒有揭露視圖的部分，則視為「不主張設計之部分」。

廚房之部分

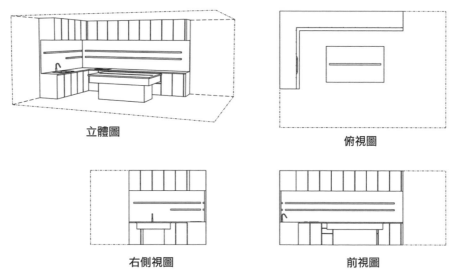

立體圖　　　　　　　　　　　俯視圖

右側視圖　　　　　　　　　　前視圖

資料來源：專利審查基準 2020 版本第三編 設計專利實體審查 第八章 部分設計 3-8-4 頁

專利法規的主管機關，也就是經濟部智慧財產局，在官方網站的專利 Q&A 中，明確回應「大樓外觀或室內設計，可以申請設計專利嗎？」此問題，並說明如果建築設計或室內設計，可利用符合說明書和圖式應該揭露的要件以及其他專利要件，就是能夠申請設計專利的標的，並進一步解釋，如果是建築物要申請設計專利，在圖式中揭露的部分，必須要明確並充分顯示建築物各角度的設計特徵；如果是室內設計想申請設計專利，則在圖式中，必須明確且充分揭露室內空間的具體形態，才符合規範。

由此歷程中可看出，從過去不受到《專利法》認可，到現在被明確肯定可以申請設計專利來保護創作，室內設計領域的專利意識正在逐漸進步。

侵害專利權會有的法律責任 🔍

在《專利法》修正之後，室內設計師的智慧財產權保障，除了過往的商標和著作權以外，終於有了更完整的權利保護。

雖然申請專利事項仍有相對應的成本需投入，並且要在進行設計時，留意相關圖式與說明等要符合法規要件的繁瑣程序，有時會讓人卻步，但願意投注心力保障心血的室內設計師，會讓業主、同業和合作的對象更重視室內設計產業生態中的智慧財產觀念，進而降低發生糾紛的機率，以及若未來遇到爭端時的解決成本。

我國的《專利法》除了肯認室內設計的設計專利保護外，自然也有相關條文在保護享有專利權的人。依照現行法規規定，如果室內設計師具備已取得設計專利的室內設計，其他人在未經同意的情況下，是不能實施跟該室內設計相似或近似的室內設計，而保護範圍則是依照當初申請並取得設計專利的圖式為判斷基準，而申請時提交的說明書亦可以被納入確認設計專利權範圍時的審酌中。

萬一真的有其他工班或室內設計師，在進行室內設計與裝修時，實施了受到設計專利保護的室內設計時，擁有該設計專利的室內設計師，可以依照《專利法》的規定，要求侵害其專利權的其他工班或室內設計團隊等，除去已實施的室內設計；如果發現自己的室內設計專利有可能被侵害時，也可以預先依法請求防止，像是要求禁止侵害室內設計的團隊施工。而故意或過失侵害室內設計專利的人，依法也會被享有室內設計專利權的室內設計師請求損害賠償。

因此，雖然在室內設計與裝修的過程中，會有許多常見的室內設計是在許多房屋或店家的裝潢中都可看到的，但如果今天有已經依法取得的室內設計專利，各位室內設計師或是工班們在實施裝修工程與設計時，便須留意不要侵害到他人的專利權，以免後續被求償或要求拆除已經實施的部分，反而就得不償失了。

法白提示

● ● ●

◆ 著作權與專利的差別

看到這邊，身為室內設計師的你，可能已經浮現出你的設計圖和所謂的室內設計專利受到法律規範的差別在哪裡，這邊要注意到兩者並沒有排擠關係喔！即便沒有以室內設計申請專利，你的室內設計圖也會受到《著作權法》的保護唷！

相關法律與參考資料：

1. 專利法第 1、2、21、96、104、121、124、136、142 條。
2. 2005 年版「專利實體審查基準」第三篇新式樣專利實體審查，第二章何謂新式樣。
3. 2020 年「設計專利實體審查基準」修正重點。
4. 2021 年版「專利實體審查基準」第二篇發明專利實體審查，第二章何謂發明。
5. 2021 年版「專利實體審查基準」第四篇新型專利形式審查，第一章形式審查。
6. 2021 年版「專利實體審查基準」第三篇設計專利實體審查，第二章何謂設計。
7. 2021 年版「專利實體審查基準」第三篇設計專利實體審查，第八章部分設計。
8. 經濟部智慧財產局，專利主題網，專利 Q&A，大樓外觀或室內設計，可以申請設計專利嗎？

Q12 靈感交流變剽竊，室內設計圖的著作權歸屬和保護為何？

故事情境

　　小治跟小瑞是多年好友，兩人從高中就決定要朝向室內設計的目標前進，夢想是將來要一起合署開室內設計公司。目前這兩個人都分別受僱在兩家不同的設計公司，不過兩人也時常給對方看自己的設計圖，彼此切磋、激發更多靈感。

　　這樣的日子維持了兩年多，不過這天卻發生了一件令小治氣急敗壞的事。小瑞最近狀態不好，總是創作不出滿意的室內設計圖，客戶不滿意，老闆發脾氣。小治一直從旁鼓勵小瑞，給了小瑞很多意見，一如往常地拿自己的設計圖跟小瑞討論。想不到，小瑞一時起心動念，趁小治睡著時偷了他的設計圖，拿去解決自己的客戶。

　　有天，小治趁小瑞去工地現場時想來個驚喜探班，結果驚喜變驚愕。這次事件，不但讓兩人決裂，兩人之間的法律關係又應該如何理清？小治可以藉此告上法院嗎？

A： 室內設計可能屬於圖形著作或建築著作，而著作權的歸屬與可以透過法律途徑主張權益的當事人，則依照契約內容的不同而有所變化。

解 析

著作權的基本概念 🔍

　　著作權是智慧財產權下的一種權利，主要是保護人類精神力的創作成果，讓人類可以因為自己的創作被保護而繼續努力創作。而《著作權法》主要是規範著作權的範圍、權利的轉讓及授權、侵害他人權利時可能需要承擔的後果設下規範，期待人類的文明可以透過精神創作傳承，繼續發光發熱。

　　不過為了避免保護過廣，使後人在創作時動輒侵害他人的著作權，對於《著作權法》的保護標的，是保護「表達」而不保護概念或是思想等，如果將思想也納入保護，只是想要用最新的物理理論創作一本小說也會需要取得授權，這樣的結果也會讓文明的發展寸步難行。

　　同樣也是為了避免人們的創作無法順暢流通，而使整個文明社會受有損害，《著作權法》不僅僅是保障著作權人的利益，也對其權利的行使設下限制，畢竟許多創作都是靠前人經驗、歷史的累積所生，所以在一些像是教育、學術等非營利為目的，並且在「合理使用」的範圍內，可以不需要特別取得授權也能利用的。

《著作權法》保障室內設計圖嗎？ 🔍

　　室內設計圖本身，是一種平面圖形，但它最終的成果仍然是透過裝潢、裝修，將這個平面圖形變成立體的設計。也因此，室內設

計圖究竟是屬於圖形著作還是建築著作，就會產生問題。而認定的結果，也會影響小治告上法院的勝算有多少。

　　根據《著作權法》的規定，被納入建築著作保護的有四種樣態，分別是：**建築設計圖、建築模型、建築物及其他的建築著作**；而被納入圖形著作保護範疇的則有：**地圖、圖表、科技或工程設計圖及其他的圖形著作**。兩者對於所保護的著作，都要求要具有實用性或功能性。

　　而兩者的差異，在於「抄襲」這個行為會被認定是不違法的「實施」行為，還是《著作權法》保護而不能隨意進行的「重製」行為。同樣都是把平面圖變成實際、立體的樣態，如果是建築著作的話，這樣的實施行為會被擬制為「重製」，而給予較高的保護，這是立法者基於建築著作的特殊性所作的特殊處理；但如果是圖形著作的話，則仍然是單純的「按圖施工」的行為，《著作權法》對其的理解是使用該圖形著作的「概念」，因此不需要特別取得圖形著作人的授權。

　　對於其究竟是屬於建築著作還是圖形著作，主管機關智慧財產局（以下簡稱智財局）跟智慧財產法院（以下簡稱智財法院）有不同認定。智財局認為建築著作保護的是建築物的「外觀」及「結構」，而不包括室內設計裝修或是家具在內，因為建築著作的保護範疇並不包含建築的風格、技術或施工方法等項目。

　　過去智財法院的見解一直都與智財局一致，認為室內設計圖為

圖形著作，除非是重製一模一樣的圖，不然都只能算是「按圖施工」，使用原設計圖的概念。然而，智財法院卻於前幾年在著名的桂田酒店與君悅酒店一案有做出不同認定，而認為室內設計圖屬於「其他建築著作」，享有與建築著作同等的保護，不能僅因為室內設計是在對於建築物內部的美感創作，而與對外觀的美感保護給予不同評價。因此，像這種看了別人怎麼裝潢、裝修，自己如法炮製，或是偷了別人的設計圖裝修的行為，都是屬於《著作權法》上規定的「重製」行為，原則上沒有取得著作人的同意不可以隨意為之。不過要注意的是，這樣的見解仍然沒有取得智財法院一致的認定，之後法院仍然有做出不同見解的認定。

　　總結而言，目前實務上的判斷還很分歧，也因此對於法院的態度，還值得我們觀察。

著作權是設計公司的？還是小治的？ 🔍

　　《著作權法》有規定一般情形下的著作權歸屬，不過要看是僱傭關係還是承攬關係。如果是前者的話，一般而言，著作財產權是歸公司所有，只是著作人格權仍然是屬於設計師的，也就是說關於標註作者等等仍然是設計公司的義務，但這些仍然限制在職務範圍內的創作，而不包含休息期間自己的成果；如果是後者的話，原則上著作財產權跟人格權都是屬於設計師所有。

不過這些都是原則性的規定，基本上設計公司可以另外透過契約約定，把著作財產權跟人格權都留給設計公司的。

而有關是僱傭關係還是承攬關係，最簡單的區分方式，可以看是領固定月薪、工作時間內容都比較不彈性，還是論件計酬並且工作時間及內容都有比較大的自主空間而定，如果是前者就是僱傭關係，後者就是承攬關係。

小治告得成功嗎？ 🔍

小治能不能告成功，首先要看他有沒有訴訟適格，也就是他是不是權利受到侵害的人，有權利受到侵害才有需要救濟的必要，而這就要視設計師與設計裝修公司簽約時是怎麼簽訂契約的。像小治的情況，如果只是一般員工有表訂的上下班時間，而不以完成約定的工作為給付酬勞的基準的話，原則上著作財產權人就是設計公司，此時權利受到侵害的就是設計公司，而非小治。但如果是採論件計酬的簽約方式，著作財產權人原則上就是小治，這時候小治就可以自己提起訴訟。

不過，就算可以提起訴訟，也不代表會勝訴。即使在智財法院，也要看它是怎麼認定室內設計圖的分類，如果法院認為是屬於建築著作，那小瑞的行為才會被認定侵害著作權人的重製權，而違反《著作權法》的規定；在此時，如果公司沒有另外訂定契約，也就是小

治仍然擁有著作人格權的前提下，小治可以提起侵害著作人格權的訴訟。

　　而小治對公司可能也會有關於營業秘密規定的適用。如果小治的創作有包含公司獨有的設計方式，並且是公司所傳授，同時還具有商業價值，當初也有簽訂保密協議的話，小治的行為不但要與朋友決裂，更要為自己的識人不清付出昂貴代價。

法白提示

● ● ●

◆ 主張著作人格權

受到侵害的一方，除了著作財產權以外，另外也有著作人格權可以主張。

◆ 著作人格權的 3 大權利

著作人格權主要包含三大權利：公開發表權、姓名表示權及禁止不當修改權。也就是說著作人可以決定自己是否要公開著作、自己的名字要出現以及別人不可以隨意以重製的方式貶低自己的著作。而著作人格權並非不可讓與的權利，當事人之間仍然可以透過契約的方式轉讓。

相關法律與參考資料：

1. 經濟部智慧財產局，〈（一）著作權基本概念篇 -1 ～ 10〉，https://www.tipo.gov.tw/tw/cp-180-219594-7f8ac-1.html。

2. 林洲富（2021），〈【智慧財產】室內設計是否受建築著作之保護〉，《TIPA智慧財產培訓學院》，https://www.tipa.org.tw/tc/monthly_detial470.htm。

3. 著作權法第 1 條、第 3 條第 1 項第 5 款、第 5 條、第 11 條。

4. 經濟部智慧財產局 107 年 10 月 01 日智著字第 10716009930 號、經濟部智慧財產局 103 年 05 月 23 日電子郵件 1030523b。

5. 章忠信（2020），〈室內設計之著作分類爭議〉，《著作權筆記》，http://www.copyrightnote.org/ArticleContent.aspx?ID=6&aid=2973。

6. 姚信安（2020），〈論室內設計之著作定性與侵權認定──簡評智慧財產法院104 年度民著訴字第 32 號民事判決〉，《月旦法學雜誌》，296 期，頁 158-172。

7. 章忠信（2021），〈授權專屬與否及其範圍是授權的重要核心〉，《著作權筆記》，http://www.copyrightnote.org/ArticleContent.aspx?ID=6&aid=3035。

8. 丁靜玟、陳雅萍（2019），〈室內設計如具原創性得與建築著作享同等保護〉，《理律法律雜誌雙月刊》，頁 1。

9. 胡心蘭（2021），〈室內設計受著作權保護範圍之案例討論—智慧財產法院 107民著上字第 16 號〉，《臺灣法學雜誌》，411 期，頁 153-160。

Q13 想跳槽換老闆，作品和技術可以帶著走嗎？

故事情境

　　阿奇大學畢業後，就馬上進入到老闆大賓主持的 BB 室內設計師事務所上班。不過這第一份工作對阿奇而言，並不是那麼愉快。大賓其實沒有用心指導阿奇，每次都要阿奇自己去想設計圖要如何畫；阿奇若有任何問題，大賓也叫他自己去找答案。不過阿奇還是對於室內設計充滿熱情，下班後也一直研讀相關資料，增進自己的靈感。也因此在 BB 事務所任職期間，累積了一些自己相當滿意的作品。

　　有天，阿奇遇到大學老師老丁，兩人相談甚歡。老丁告訴阿奇，他經營的 DD 室內裝潢公司因業務增加而需要聘僱新的同事，也邀請阿奇前去面試。阿奇從在學期間就相當欣賞老丁的才華及人格特質，對於這樣的機會當然非常興奮，立刻將自己在 BB 事務所服務期間的作品整理成冊，帶去 DD 公司面試。很順利的，DD 公司錄取了阿奇。

　　到 DD 公司後的第一個案件，阿奇為了求好表現，把自己在

BB 事務所最滿意的作品拿來修改，畫成新的設計圖交給客戶。結果這件事被大賓知道了，大賓相當生氣，打電話痛罵阿奇，甚至揚言提告……

解 析

帶走自己參與創作的作品集會有什麼問題？ 🔍

　　相信很多設計師想轉換公司，可能會將自己參與的設計作品整理成冊，在新公司面試時拿來展示、或直接帶去新就職的公司。這樣的行為是 OK 的嗎？

　　首先，這會涉及到前一篇章討論的「著作權歸屬」問題。依照《著作權法》的規定，如果在沒有特別約定的情況下，員工完成了自己所創作出的作品，員工就是著作人，並享有著作人格權，而著作財產權則歸屬於僱用人，也是就是老闆享有。但公司是可以透過和員工簽訂契約的方式，約定公司是員工在上班期間所完成設計作品的著作人，在這個狀態下，員工就不能對作品主張著作人格權和著作財產權；反之，如果沒有特別約定公司就是作品的著作人，那公司還是可以享有公司的著作財產權，除非雙方另外以契約約定，作品的著作財產權歸員工享有。

　　白話來說，如果阿奇和大賓簽契約，約定阿奇在 BB 事務所工作期間的著作，大賓是著作人，那麼阿奇恐怕就沒辦法對這些作品主張權利。反之，如果雙方沒有特別簽約，那阿奇還是這些作品的著作人，享有著作人格權，如果將作品整理成冊作為應徵面試的資料，應屬於合理使用範圍，不會侵害到大賓的著作權。

　　如果未經同意，將舊公司的作品拿到新公司使用，會有什麼問題嗎？

承上，假如阿奇沒有經過大賓同意，就將著作權歸屬於大賓的作品拿到新公司和客戶分享，就有可能會有侵害著作權的問題。此外，也有可能會有違反《營業秘密法》的可能性。

什麼是營業秘密呢？有些事業可能擁有一些比其他同業業者更具有競爭力的獨家資訊，一旦這些資訊被外界獲悉，就可能無法讓自己在市場上保有優勢，而業者就會期待這樣的秘密資訊受到保護。例如可口可樂公司對於自家可樂的配方保密了超過一百年，就是深怕一旦配方失去了秘密性，等同於失去了商業價值。

營業秘密包括方法、技術、製程、配方、程式、設計或其他可用於生產、銷售或經營的資訊，因此，設計公司的設計圖、甚至針對客戶的喜好所整理出來的客戶資料等，都可以作為營業秘密的客體。不過這樣還不足以成為營業秘密。法律規定，營業秘密還必須符合以下條件：

1、非一般涉及該類資訊之人所知者：

也就是資訊在客觀上符合秘密性，而非眾所皆知的事情。例如若將設計圖放在網站上作為宣傳廣告，勢必就不具備秘密性了，因為大家都可以看得到。

2、因其秘密性而具有實際或潛在之經濟價值者：

這樣的秘密要有一些商業價值。例如單純的客戶資料（公司名稱、電話、地址），還不足以成為營業秘密，但是如果資料是經過

詳細整理客戶的偏好、預算、特殊需求等資訊，可以讓公司更容易和客戶達成交易，就具有經濟價值了。

3、所有人已採取合理之保密措施者：

所謂的保密措施，是指這樣的資訊有特別隔絕，例如電腦檔案要特別輸入密碼才可以看得到、或是文件外袋標示「機密」等。

設計圖可以作為營業秘密的客體，如果將經過合理保密措施的設計圖洩漏出去，違反《營業秘密法》，可能因此產生刑事（《營業秘密法》第 13 條之 1，妨害營業秘密，處 5 年以下有期徒刑或拘役，得併科新臺幣 100 萬元以上 1,000 萬元以下罰金）及民事責任。

有關刑事責任部分，在 2013 年增《營業秘密法》訂第 13 條之 1 妨害營業秘密罪之前，《刑法》第 317 條就定有「洩漏工商秘密罪」，實務上法院認為，《刑法》第 317 條的標準比《營業秘密法》還要寬鬆。只要尚未對外公開的資訊，對擁有者可用於產出經濟利益，即便沒有嚴格的保密措施，還是有可能符合「工商秘密」。例如小小工作室裡所有員工總共只有五人，雖然老闆沒有特別將公司設計圖以加密檔案保管，但設計圖尚未公開給工作室以外的人，還是可以被視為是「工商秘密」。如果員工擅自洩露設計圖給其他人，就有可能違法。

實務上就確實有發生過案例，一名設計師甲在任職於 A 空間設計有限公司，為了自身應徵工作需求，在未經 A 公司的同意下，將任職期間所完成之設計模擬圖及裝潢成品屋照片所示作品，複製到自己的 Google 雲端硬碟內，並稱檔案是自己的作品集，將個人求職履歷一同寄給 B 設計公司的信箱。甲因此被 A 公司控告違反《著作權法》，最終也被法院認定成立犯罪。

另外一起案件中，X 設計有限公司與業主簽立室內裝修設計委託契約書，雙方並約定因該契約所知悉對方之秘密絕不外洩，X 公司因此為業主繪製施工圖、3D 設計圖等。結果在 X 公司擔任設計師的乙在未經 X 公司同意下，將施工圖、3D 設計圖、實品屋系統圖自公司資料庫檔案中擷取，傳給前同事。乙因此被 X 公司指控違反營業秘密，並經檢察官起訴（不過最終以和解的方式結案）。

如果你是老闆，如何保障自己的權益呢？ Q

經過以上案件說明，如果你是室內設計公司的老闆，可以透過契約的約定，確認公司設計圖著作權歸屬於公司，以確保員工在公司工作期間產出成果的著作權歸屬。此外，也可以透過勞動契約、職員手冊合約、職員工作規則中規定，員工對於設計案繪製施工圖、3D 設計圖等資料負有守密義務，且禁止未參與設計案的人員（例

如會計同仁）接觸檔案。

反之，如果你是公司的員工，可能要特別留意和公司所簽訂的契約中對於著作權歸屬是否有特別約定，以及公司是否有要求相關資料應予以保密。如果未謹慎檢討以上情況就將公司的資料複製、攜出，不僅是職場道德的問題，也可能會觸犯法律責任。

法白提示

● ● ●

◆ 著作權是否有特別約定

身為員工，應該留意自己與公司所簽的勞動契約是否對於著作權歸屬有特別約定，對於在公司任職期間所產出的作品，自己是否是著作人、是否享有著作財產權。

◆ 以契約保護著作權

身為雇主，也可以透過契約方式，約定員工在工作期間所產出的作品著作權如何歸屬，並宜特別約定保密條款，確保未公開的相關設計資料不慎遭洩露。

相關法律與參考資料：

1. 著作權法第 11 條第 1、2 項。
2. 營業秘密法第 2、13 條之 1 條。
3. 刑法第 317 條。
4. 臺灣桃園地方法院刑事簡易判決 111 年度審智簡字第 1 號。
5. 臺灣臺北地方法院刑事判決 109 年度智易字第 85 號

Q14 業主拿圖後不簽約，自己找工班怎麼辦？

故事情境

　　絕美企業行之負責人小康於 2015 年間，經由中間人炮哥介紹，得知護國神山公司打算對移工宿舍大樓的房間配置設計裝潢工程進行招標，招標內容註明需製作約 400 多間宿舍，每間總價為 100,000 元，參與投標者應自行設計整理結構並打樣參加投標，與其他廠商打樣評比後，由最優者簽約承作。

　　為了參加投標，經過組成團隊研究後，絕美企業行終於完成室內平面設計圖以及立體樣品屋，連同材料之 SGS 試驗報告、設計理念及照片，授權炮哥協助處理樣品屋評比以及與護國神山公司的連絡事宜。絕美企業行後續經炮哥通知，已獲選為最優設計方案，正當準備簽約施作時，炮哥卻又告知護國神山公司要求降價為每間為 75,000 元，絕美企業行評估後認為幾乎無利潤，於是便請炮哥協助斡旋。

　　沒想到，2017 年初，小康竟發現護國神山公司宿舍工程已由脫俗裝修公司完工，更驚人的是，內部設計結構平面配置及式樣與絕美企業行的設計及樣品屋雷同，於是便委請律師發函警告。對此，護國神山公司、脫俗裝修公司均稱設計圖不是藝術或其他

學術範圍之創作，樣品屋不是建物也不是美術品所以也沒有著作
權的問題，但小康認為其中有詐，於是仍然決定對護國神山公司、
脫俗裝修公司及炮哥提出訴訟。

解 析

問題來了，設計圖、樣品屋是創作嗎？而將設計圖從平面做成成品，算不算一種抄襲呢？

室內設計圖或樣品屋是受《著作權法》保護的嗎？ 🔍

所謂的著作，是指屬於文學、科學、藝術或其他學術範圍之創作，著重人類思想文化的表現形式，而《著作權法》並按照不同著作的特性，把著作種類區分為，語文、音樂、戲劇、舞蹈、美術、攝影、圖形、視聽、錄音、建築、電腦程式等 10 種，反過來說，判斷一個物件，只要不能被歸類在上述類型，比如積體電路佈局、3C 產品造型等，就會被排除在《著作權法》所要保障的範圍之外。

由於這些列舉的規定較為模糊，因此早前主管機關又依法公告行政命令，提出進一步的例示作為補充，其中，圖形著作，包括地圖、圖表、科技或工程設計圖及其他之圖形著作；而建築著作，包括建築設計圖、建築模型、建築物及其他之建築著作。

很明顯的，室內設計圖因為是以圖之形狀、線條等製圖技巧為主要表現的形式，當然就是一種「圖形著作」。但比較有疑問的是，室內設計的成果或樣品屋，是將家具或工業產品擺設或埋入建築物中，當然不是一種圖形，但它既不涉及建物的外觀或結構，也不算是建築法所稱之建築物，能夠被歸類在《著作權法》的 10 種種類中嗎？針對這問題，司法實務認為，所謂的「建築著作」是指可具

體呈現建築設計的任何有形載體，因此建築著作所保護之範圍，包含建築物之內部及外部；因此，既然室內設計的成果，是對室內空間的任何相關物件進行規劃，包括牆、窗戶、窗簾、門、表面處理、材質、燈光、空調、水電、環境控制系統、視聽設備、家具與裝飾品等，最終的設計實體物依附成為建築物內部空間之一部分，應當屬於「建築著作」而為《著作權法》所保護之客體，因此室內設計之成果或樣品屋，都是屬於建築著作的一種。

然而，不論是哪一種類型，《著作權法》都要求創作內容必須具有「原創性」，但在室內裝修有疑慮的地方是，室內設計圖或裝修的成果雖是出自設計師的手筆，卻往往需要業主確認結果，也需要遵照業主指示修正；在有些情況下，業主也可能先提出基本設計，再由設計師協助進行細部設計，換句話說，如果業主有參與創作過程，是否會影響著作權的原創性呢？

這其實會涉及兩個層次的問題，首先，原創性也就是指「原始性」及「創作性」，是一個受保護著作所應具備的要素。原始性白話來說就是非抄襲性，是指著作人須原始獨立完成之創作，而創作性，是指須跨過人類文化文明最低的創意門檻，不要求達到前無古人之地步，只要從一般社會的角度觀察，認為著作與其他作品具有可以區別的變化，而足以表現著作人之個性就可以。因此，雖然室內設計有遵循業主指示或基本設計的必要，但對於細節的安排、風格呈現的方法、美感的提升、特定材料或家具的選用等，仍有很大的創作空間可供揮灑，因此室內設計的圖說或成果、樣品屋，在此

情況下仍然可具有原創性而受保護。

　　既然設計圖或裝修成果仍然屬於《著作權法》保護的對象，那麼業主提供指示或參與設計，頂多只是是否構成共同創作或出資聘用他人創作的問題。然而，一般來說，業主只有提出想法，但真正將想法落實的仍為設計者，所以業主不至於成為共同著作人，而且業主雖然出資，只要沒有特別約定，仍應以設計者為著作人。

抄襲圖說、樣品屋會侵害著作權，那麼按圖施作也會是侵害著作權的行為嗎？ 🔍

　　《著作權法》規定，著作人專有重製著作的權利，也就是得以任何有形或無形的方法，直接、間接、永久或暫時性的使著作重新呈現的權利，並擴張保護「劇本、音樂著作或其他類似著作演出或播送時的錄音錄影」，以及依「建築設計圖或建築模型建造建築物」二種特殊情況。因此，著作人可以壟斷前面提到的這些權利，所以就可以對於其他擅自抄襲著作之人，追究民、刑事責任。

　　所以如果設計圖說或樣品屋在提供給業主參考評選的過程中，遭到盜竊，以至於業主依樣畫葫蘆創作相同的圖面或樣品屋，此時即可能構成重製。而現行判斷重製的因素有兩個要件，一是需有接觸的事實（直接接觸）或合理機會（間接接觸）；二是須有實質近似，也就是在兩著作間進行「質」與「量」的相似度考察，且不要求全

然相同或通篇實質相似，只需要在足以表現著作人原創性的內容上實質相似即可，換句話說，倘若抄襲部分為著作之重要部分，縱使僅占整體著作小部分，亦構成實質之相似。這是因為有意剽竊者，或多或少會加以相當之變化，以降低或沖淡近似程度，藉此規避侵權之指控，為了防杜這種類型的侵權，縱使在抄襲「量」不高的狀況下，仍有必要針對著作的核心思想進行「質」的比較。

像是契約、美術圖案的抄襲，法官可能得以藉由親自勘驗著作取得心證，但若是從外觀不容易判斷抄襲，比如程式編碼、整套書籍，又或者是屬於特定領域，須借重專業判斷，比如機械工學組合圖、平面設計圖，就有必要選定鑑定人協助判斷，像是財團法人臺灣經濟科技發展研究院、財團法人工業技術研究院、各大專院校或專家學者等，在司法實務上都是受委託鑑定的常客。

然而，將平面重製為平面，或將立體重作為立體的抄襲，固然屬於上面提到的重製行為，那將圖面轉為立體，也就是依樣施作的狀況，算不算重製呢？這個問題涉及「重製」與「實施」的差別。所謂的「實施」是指將著作內容從平面轉為立體的行為，因為平面跟立體為不同形式的表現，而且立體的部分甚至還可能涉及技術面，屬於專利權的保障範圍，因此原則不算是侵害著作權。

例外的狀況則有兩種，一是《著作權法》擴張保護的「劇本、音樂著作或其他類似著作演出或播送時的錄音錄影」以及「建築設計圖或建築模型建造建築物」在這兩種範圍內的實施都直接視為是

重製；二是，將平面圖案印製在立體物件上，也就是單純轉換載體，不變更著作本身性質的狀況。

　　不巧的是，室內設計之設計圖雖為受保護之「圖形著作」，但不是劇本、音樂或建築著作這種被擴張保護重製範圍的類型，所以早期的司法實務見解認為，按照室內設計圖樣進行裝潢工程施工，僅是「實施」該圖形著作的行為，至於施工完成後呈現之實體外貌，並非圖形著作之本身，所以不屬於圖形著作權保護的範疇。不過，因為建築內外的設計從古至今都是屬於「美術」的一種形式，因此《著作權法》近期的實務發展，已經將重製的範圍擴張到依照室內設計圖進行施工，未來對室內設計圖按圖施作，也就會屬於「重製」而非單純的「實施」，因此如果拿他人的室內設計圖，在未經同意的情況下就按圖施工，是可能構成著作權的侵權行為。

　　回到開頭的故事情境，護國神山公司委託脫俗裝修公司依照絕美企業行的平面設計圖及樣品屋，打造幾乎相同的裝潢，已經侵害絕美企業行的圖形著作及建築著作，絕美企業行得請求排除侵害，若對方有故意或過失，更可以請求損害賠償。另外，炮哥身為中間人，若是為了自我利益將平面設計圖擅自交由他人使用，也屬於侵害著作權的造意（教唆讓他人下定決心侵權）或幫助人，應連帶負賠償責任。各行為人也都需要面臨 3 年以下有期徒刑的處罰。

● ● ●

◆ **合法取得設計圖再施工**

實務上業主出資委請設計師處理室內設計圖，再將設計圖交由工班施作的情況所在多有，並非一概屬於侵害著作權的狀況，因為《著作權法》規定，出資聘請他人完成之著作，出資人縱非著作人，仍可以「利用」該著作。換句話說，如果業主跟設計師簽約的目的本來就是取得室內設計圖，他當然可以自由按照圖面進行施作，完全不會有侵害著作權的問題；有問題的是在簽約後解約或是根本沒簽約的狀況利用室內設計圖的狀況，在這兩種狀況下契約都未有效存立，很可能就無法解釋業主已經取得「利用」著作的合法權源，而有侵害著作權的風險。

相關法律與參考資料：

1. 著作權法第 3 條。

2. 著作權法第 5 條。

3. 81 年 6 月 10 日臺（81）內著字第八一八四〇〇二號公告之著作權法第五條第一項各款著作內容例示第 2 條。

4. 智慧財產及商業法院 109 年度民著上字第 23 號民事判決、智慧財產法院 104 年度民著訴字第 32 號民事判決。

5. 最高法院 90 年度台上字第 2945 號刑事判決。

6. 最高法院 97 年度台上字第 1921 號刑事判決。

7. 著作權法第 8 條。

8. 著作權法第 12 條第 1 項、第 2 項。

9. 著作權法第 3 條第 1 項第 5 款、第 27 條第 1 項。

10. 最高法院 107 年度台上字第 1783 號民事判決、智慧財產法院 101 年民著訴字第 43 號民事判決。

11. 最高法院 93 年度台上字第 5488 號刑事判決。

12. 蕭雄淋，以他人平面室內設計圖作成立體室內設計，有無侵害著作權？，蕭雄淋律師的部落格，網址：https://blog.udn.com/2010hsiao/22501901?f_UA=pc。

13. 智慧財產法院 104 年度民著訴字第 32 號民事判決、蕭雄淋，由建築圖作成建築物何以是重製而非實施？，蕭雄淋律師的部落格網址：https://blog.udn.com/2010hsiao/31340055。

Q15 室內設計得到獎項，屬於設計師還是公司的？能否露出設計師姓名呢？

故事情境

　　蘇菲是一名新銳室內設計師，公司老闆安東看上蘇菲的才華，便向蘇菲表示要幫他在業界闖出名氣，希望拿他的作品參加世界級室內設計大賽，蘇菲不疑有他便同意老闆安東的要求，之後蘇菲的作品真的拿下了設計大賽的大獎，不過蘇菲發現作品竟不是掛他的名字參賽，而是掛上了公司團隊的名稱，這讓蘇菲非常生氣，更讓蘇菲傻眼的是，老闆安東在作品得獎後就立刻轉賣給知名建設公司，作為新建案的室內設計，蘇菲立刻向老闆安東表示自己才是作品的著作人，希望作品可以掛自己的名字，並且要求賣作品的分潤，但老闆安東認為作品是在公司完成的，蘇菲也有用到公司資源完成作品，名字當然要歸公司團隊，而蘇菲作為員工，他的作品自然是公司產品，蘇菲無權要求分潤，蘇菲跟安東各自都有說法，那法律上是怎麼樣看待兩人的關係呢？蘇菲可以要求作品顯示自己的名稱嗎？可以要求分潤嗎？

A： 著作人格權與著作財產權要分明，最好以契約約定顯名與獎金分配規定。

解 析

著作權在保護什麼？ 🔍

　　在談到著作權時，大家常常會先想到的是，著作本身經濟利益的面向，換句話說，就是著作怎麼利用、他的收益應該歸屬給什麼人的問題，不過，對於一個創作者來說，自己嘔心瀝血的創作，同時也表彰著自己的思想、精神及獨到的世界觀，正因如此，在法律上，著作權的內容其實不僅有財產權的面向，同時也具有人格權的面向。

　　事實上，著作權的內容可以分為**「著作財產權」**及**「著作人格權」**，前者是在講著作的使用收益等經濟上利益，比方說出版、重製、公開播送等，端視不同的著作有不同的利用方式，不過既然是經濟利益，那在設計上這類的權利通常都是可以轉讓，使他可以產生一定的經濟價值。相對的，後者的著作人格權則不一樣，著作人格權是對於著作人人格的保護，既然是人格的保護，那就存在一定的專屬性格，只有著作人可以享有，因此，《著作權法》也規定著作人格權不可以轉讓或繼承。

　　依《著作權法》規定，雖然著作人格權基本上專屬於著作人享有，而且不能轉讓跟繼承，但是有個滿微妙的地方，是《著作權法》允許以契約方式約定誰來當著作人，也就是可以出現你的著作不是你的著作，而是由非實際產出著作的人當著作人的情形，這其實是因為《著作權法》認為讓當事人自己用契約安排才是最具有彈性的。對於著作人格權的保護又細分為**「公開發表權」**、**「姓名表示權」**及**「禁止不當變更權」**三項人格權，第一個公開發表權是指著作人有權利決定何時、何地、以何種方式發表著作的權利，不過這個權利與著作財產權有密切相關性，這是因為如果是公務員、僱傭關係

或出資聘人著作的狀況下，僱用人或出資者本來可能就是要請人來產出著作，如果受僱的人還可以決定公開發表，那勢必會影響僱用人或出資者使用著作的經濟效益，因此，《著作權法》第 15 條也分別針對這三種情況作了不同的安排；第二個姓名表示權就是指著作人有在著作物及重製物，甚至是衍生著作（例如翻譯作品等），都有彰顯自己姓名的權利，這裡的姓名可以是本名，也可以是化名，當然如果不想具名也是可以的，最後一個就是禁止不當變更權，這個權利是指禁止他人歪曲著作，致損害名譽的程度，這是為了保護著作人的名譽，不讓他人以不當的方式修改著作。

一旦有人侵害著作人格權，著作人都可以依《著作權法》向侵權行為人請求損害賠償，且著作人也可以請求表示著作人之姓名或名稱、更正內容或為其他回復名譽之適當處分，另外，除了民事責任外，侵權行為人也會面臨二年以下有期徒刑、拘役，科或併科新臺幣五十萬元以下罰金的刑事責任。

誰可以留名？誰可以拿來用？ 🔍

在討論蘇菲跟安東的主張前，要先給大家一個觀念，就是在思考著作權的問題時，必須將著作財產權與著作人格權分開思考，這是因為在《著作權法》的世界中，這兩個是可以分離在不同人身上的，很多人可能會覺得很難想像，但事實上這才是日常生活中最常見的狀況，比方說一般上班族經常作的簡報、報告等，大多都是沒有跟公司約定誰是著作人，這時候《著作權法》第 11 條就規定應該是由受僱人為著作人，但公司可以保有著作財產權，這是因為公

司請人來工作，受僱人在工作時必然會使用公司的資源，而該所得的產出物，也是公司當初僱用員工的目的，因此，著作財產權自然歸屬給公司，不過受僱人既然是著作人，那當然保有著作人格權可以主張。

當初蘇菲只有同意安東可以將他的作品拿去參加比賽，蘇菲仍然是該作品的著作人，當然有著作人格權中的「姓名表示權」要求安東，甚至是比賽的主辦單位，將作品的著作人姓名更換為自己的名字，不過在著作財產權上，蘇菲是安東公司的員工，兩人間存在僱傭關係，依《著作權法》第 11 條第 2 項規定，著作財產權歸公司享有，公司確實可以將蘇菲在上班時間所做出來的著作拿去使用，在蘇菲與公司沒有就該作品著作財產權有特別約定的情況下，蘇菲並不能對公司請求分潤。

事前訂定契約是最好的策略 🔍

對蘇菲來說，最好的安排當然是著作人格權與著作財產權都歸自己，這其實是可以透過契約的安排將著作財產權歸給蘇菲；但對安東來說，當然也希望能夠完整行使著作權，不過前面我們提過，著作人格權在著作完成之時就立刻存在，並歸著作人專屬享有，不能讓與或繼承，這樣看來安東似乎最多也只能有著作財產權而已，但其實並不盡然，這是因為《著作權法》在這裡開了個小門，讓著作人格權也可能不是實際完成著作的人，那就是《著作權法》容許在著作完成前，以契約方式將「著作人」約定為僱用人或出資人，也就是說在著作人格權存在前，將著作權歸屬安排好，一旦著作完

成時，**僱用人或出資人直接搖身一變成為著作人**，使他們直接擁有著作人格權，可以直接掛名，不會直接牴觸著作人格權不得讓與的規定，這雖然看起來名不符實，而且具有高度的技術性，但卻是《著作權法》容許的方式，這是因為《著作權法》尊重大家對於權利的安排，不想以硬性的方式去分配權利，因此，不管是對蘇菲或安東都應該透過雙方事前磋商，以契約的方式去規劃相關權利的分配，例如約定讓雙方都成為著作人，並且明確約定出名或利潤分配，這才是對雙方最好的方式喔。

法白提示

• • •

◆ 分開討論著作人格權與著作財產權

要留意在討論著作權的問題時，應該將著作人格權與著作財產權分開討論，兩個在法律上有不同的意義，而著作人格權是專屬於著作人享有，不可以讓與跟繼承，但是可以在著作完成前，以約定著作人的方式，間接解決著作人格權不能讓與的問題，這也是《著作權法》允許的方式喔，因此，要達成雙贏的方式，就是事前以契約的方式安排相關權利義務，這才是上上策。

相關法律與參考資料：

1. 著作權法第 11 條。
2. 著作權法第 85 條。
3. 著作權法第 93 條。。
4. 陳思廷，著作人格權法制之研究—法國法之考察借鏡，國際比較下我國著作權法之總檢討，中央研究院法 學研究所專書（19），103 年 12 月，第 195 至 227 頁。

Q16 IG看到擺設好動心，幫客戶做一模一樣的軟裝會有抄襲疑慮嗎？

::::

故事情境

　　艾瑪經營觀光集團飯店多年，旗下有很多知名飯店，其中紳士酒店為新建飯店，其住房設計及家具飾品等擺設，請了知名室內設計師 Makoto 的荷風室內裝修有限公司進行室內設計，以洛可可風格結合東方藝術元素為設計主軸，建立一個東西混搭且有人文底蘊的飯店。紳士酒店開張後三個月，其競爭對手蘭杜酒店總經理約翰入住紳士酒店的總統套房，不料，一個月後蘭度酒店的總統套房也翻修成相同風格，連桌椅擺放位置都幾乎與紳士酒店如出一轍，並因此入選為亞洲五十大飯店設計，艾瑪在看了網路新聞後得知這件事，認為約翰是利用入住紳士酒店的機會，不法重製紳士酒店的室內設計，使用於其所經營蘭度酒店之住房設計，已侵害紳士酒店的著作財產權。

　　但約翰則認為蘭度酒店是將原本舊建築進行翻修，主要管線均無法更動，空間分布、面積格局也大致被定型，設計師在管線、隔間、房間格局均被固定的狀態下進行設計，實與紳士酒店的設計無關。至於他不否認有到紳士酒店考察房間設計，但只有參考

A: 靈感與擺設風格不受到《著作權法》保護，但是整體室內設計符合一定要件時，就有可能被認為是受到保護而構成侵權！

部分家具外觀作為採買參考，這本來就是同業間正常的參觀行為，且自己是獨立找設計師設計且支付家具費用，並沒有抄襲或節省成本的情況。

解 析

　　兩人均有各自的說法，那法律上是怎麼樣處理室內裝潢風格的爭議呢？同樣的靈感設計可以嗎？如果沿用別人的家具或軟裝擺設設計，算抄襲嗎？

靈感歸靈感，表達歸表達 🔍

　　設計師在創作的過程中，往往需要敏銳的觀察與感受，可能取材大自然或是經典建築，這些靈感的來源或許每個人都接觸到，但所獲得感受並不見得相同，當然以此為靈感而呈現的作品就會有所差異，甚至在感受相同的情形下，也會因為時空差異，而造就不一樣作品。回到法律的角度，《著作權法》作為保護著作的專法，自然也沒有忽視這個問題，《著作權法》為了促進思想、知識的傳遞，並鼓勵人們想像進而創作，因此，《著作權法》將重心放在表達的具體成果上，而不是抽象的思想，簡單的說，就算大家靈感一樣，只要表達出來的東西不一樣就好，比方說，大家都可以用玉山作為靈感發想，只要呈現的作品不一樣就好，畢竟相同的靈感，可以呈現的方式很多，並沒有必要直接前置保護道思想本身，只需要對表達本身加以保護即可，這樣的思維直接具體規定在《著作權法》第10條：「依本法取得之著作權，其保護僅及於該著作之表達，而不及於其所表達之思想、程序、製程、系統、操作方法、概念、原理、發現。」相信有些讀者一定會在想：如果是很酷的想法，甚至是很新的技術思想難道就不能受法律保護嗎？當然不是！這邊說的是不受《著作權法》的保護，但不要忘記了，我們還有《專利法》可以用，

專利就是在保護具有技術思想的創作，立法者同時也為了劃清每個法律保護的範圍，才會這樣規定。不過跟讀者說明一下，還是必須在商業競爭的情形，如果是一般抄襲非用於商業用途的話，可能就沒有適用的空間。這也是鼎鼎大名的「**思想與表達二分原則**」。

不過，思想與表達二分原則有時候也會遇到一些現實的困難，這時候就必須介紹一下他的兄弟：「**思想與表達合併原則**」。這個原則意思就是當某個抽象的思想、概念，僅有一種或極有限的表達、呈現方式時，思想與表達就會合一，進一步說，就是任何人來表達同樣的思想或概念，都不會有什麼差異，這個時候表達本身就不具有保護的意義，因為不管誰來表達都差不多，比方說，兩本寫三國時代的故事書，對於當時人名、時間、地理位置或對立狀態等描述相同，並不能稱為抄襲，原因是三國史料就是有限的表達方式，任何人來呈現都可能差不多，這種時候，法院實務上就會基於思想與表達合併原則，認定此部分的表達不受《著作權法》保護，不過，這裡還是要提醒一下，如果說是對於細節或故事角色性格的描述，就會不見得相同，還是必須就個案情形來判斷。總之，**在《著作權法》的世界裡，在乎的是表達本身，靈感本身是不受到保護的。**

關於室內設計圖、家具擺設的侵權問題，最直接相關聯的，無疑就是智慧財產權的保護，而很多時候大家會將室內設計跟建築著作聯想在一起，因此又與《著作權法》最為相關，《專利法》部分則因發展較晚，相較於《著作權法》，較少有深入的討論。

首先，室內設計在《著作權法》的視角下，嚴格來說，應該要分為兩個面向：**一是室內設計圖本身，二則是依據室內設計圖所呈現出來室內設計的本體，就是大家比較直觀想到的裝潢、擺設等，**而這兩者在《著作權法》中有著全然不同的保護面向，更屬於不同的著作類型。

　　先講室內設計圖的部分，室內設計圖既然作為圖形，直觀上就是圖形著作，不過，有趣的地方來了，《著作權法》卻對於同樣是圖形的建築設計圖給予了不一樣的待遇，依《著作權法》第 5 條第 1 項各款著作內容例示第 2 條第 9 款規定：「建築著作，包含建築設計圖，及建築模型、建築物及其他之建築著作。」而建築著作所保護之範圍除整體形式外，並及於空間安排、組合與設計的要素，保護範圍不僅止於建築物之外觀，也包含建築物之內部結構設計。這樣規定是為了擴大對建築著作的保護，所以將建築設計圖也納入建築著作的定義之中，這在《著作權法》第 3 條第 1 項第 5 款的「重製」定義，訂有「依建築設計圖或建築模型建造建築物者，亦屬之」也體現出來。不過，這下問題來了，本來應該是圖形著作的室內設計圖，因為他同時也涵蓋了建築內部的設計，就跟上面建築著作產生了緊密的關係，隨之而來的問題，就變成了室內設計圖是不是也可用建築著作保護的爭議。

　　在討論這個爭議之前，先稍微說一下，將室內設計圖歸類為建築著作或圖形著作究竟差異在哪，不然應該很多人應該會疑惑為什麼要這樣斤斤計較？原因就在於圖形著作原則上僅保護圖形平面本

身，不保護將平面圖轉化成立體（就是按圖施作）的情形，這是因為將圖形轉化為立體物，其中會涉及將圖形中的原理、概念或技術功能等問題，並不是單純重複製作，比方說將馬達設計圖上的馬達製作出來，立法者認為這種製成實用物品過程，應該由《專利法》來加以保護，而非《著作權法》，因此，將圖形著作轉化成立體物並不是非法「重製」圖形著作，不過，既然有原則就會有例外，例外情形有兩種：一是在以圖形平面形式單純附著於立體物上（比方說印在立體物品上），二是以立體形式單純性質再現平面圖形著作之著作內容（比方說將黃色小鴨圖案，製作成黃色小鴨），這兩種情形下《著作權法》仍然會給予保護，因為這兩種情形涉及的技術功能層面非常少，只是單純將圖形輸出為立體而已。

而相對於圖形著作，《著作權法》對建築著作的保護就簡單明瞭許多，立法者認為基於建築設計圖是在彰顯建築結構，而且就是要拿來變成建築的，具有特別的實用性，因此，例外地將設計圖直接納入保護範圍，一旦按建築設計圖施作成實體建築，就會構成非法重製建築著作，不用像圖形著作有原則例外的區分，因此，「室內設計圖是不是建築著作？」討論的實益在於是否可受到建築著作簡單明瞭的保護。現在實務跟學說上大多認為建築設計圖關於建築設計部分是著重在建築外觀或結構本身；而室內設計圖則是在於室內裝潢的表面設計，兩者有著本質的差異，因此，室內設計圖並不受建築著作的保護，而應該以圖形著作加以保護。

說完室內設計圖後，就輪到如果是依室內設計圖所呈現出來室

內設計的本體，法律上又應該怎麼看待？如果是依室內設計圖將擺設風格、家具位置呈現出來，除非可以呈現得一模一樣，不然其實並不是立體化的過程，很難說是以立體形式單純性質再現平面圖形著作，因此，不是圖形著作的保護範圍，另外，又跟建築著作的外觀、結構無關，也不是建築著作的保護範圍。不過，如果說室內設計本身與建築物結構緊密結合或依附於建築物內部，成為建築物內部空間不可區分或在居住使用上難以分離的一部分，並透過整體設計表達出作者的個性及獨特性，不是只是一般常見之室內慣用配置或與建築著作本質無關的家具飾品擺設時，法院實務就會傾向認定這是建築著作，並受《著作權法》所保護。

其實室內設計本身，也是《專利法》的保護範圍，在《專利法》中是以設計專利方式加以保護室內設計，只要該室內設計能符合專利說明書及圖式之揭露要件及專利要件，而圖式中明確且充分揭露該室內空間的具體形態，就可以取得設計專利。不過，室內設計納入《專利法》範疇的時間還相當短暫，究竟在實務會發生什麼適用的問題、爭議，目前並不是相當明確，還有發展的空間，因此，很難有像上述《著作權法》那樣，有詳細的討論，這邊就容我們埋下伏筆啦。

智慧財產權以外的思考 🔍

在討論室內設計相關侵權疑慮時，大家往往都只會想到智慧財

產法規的問題，如果智慧財產法規都不能適用的話，是不是就沒有法律可以用了呢？但其實並不盡然，事實上還有《公平交易法》可以用。這時候大家可能想，室內裝潢怎麼會跟《公平交易法》有關係？

在說明這個問題前，我們先來看這邊涉及的法條是如何規定的，《公平交易法》第 25 條：「除本法另有規定者外，事業亦不得為其他足以影響交易秩序之欺罔或顯失公平之行為。」這個規定是不公平競爭行為的概括規定，立法目的在於建立市場競爭及交易秩序，管制足以影響交易秩序的欺罔或顯失公平的不當競爭行為。試想如果有人抄襲別人的室內設計風格、擺設，用在商業用途上，不就是一種搭別人便車的行為嗎？甚至是以低成本榨取別人的成果，並且將省下來的設計成本降低定價，使青睞相同設計的相關消費者以更低廉的價格，感受到相同風格設計，藉此爭取更多的消費者，而產生替代效果，這其實也是一種不公平競爭行為，因此，抄襲他人室內設計且用於商業用途的話，確實與《公平交易法》第 25 條會有所連結，只是大家不常注意到兩者的關聯性。

那具體來說，要如何認定違反《公平交易法》第 25 條呢？這裡要件有二，分別是「**足以影響交易秩序**」及「**欺罔或顯失公平之行為**」。依據公平交易委員會對於《公平交易法》第 25 條案件之處理原則，判斷是否「足以影響交易秩序」時，應該要考慮受害人數的多寡、造成損害的量及程度、是否會對其他事業產生警惕效果、是否為針對特定團體或組群所為的行為、有無影響將來潛在多數受

害人的效果,以及行為所採取的方法手段、行為發生的頻率與規模、行為人與相對人資訊是否對等、糾紛與爭議解決資源的多寡、市場力量大小、有無依賴性存在、交易習慣與產業特性等,且不以其對交易秩序已實際產生影響者為限。而所謂欺罔行為,是指對於交易相對人,以積極欺瞞或消極隱匿重要交易資訊致引人錯誤的方式,從事交易的行為。另外,顯失公平的不當競爭行為,則是指不符合商業競爭倫理的不公平競爭行為,包含榨取他人努力成果的情形,原則上應考量:

1. 遭攀附或高度抄襲標的,應係該事業已投入相當程度的努力,於市場上擁有一定的經濟利益,而已被系爭行為所榨取;2. 其攀附或抄襲的結果,應有使交易相對人誤以為兩者屬同一來源、同系列產品或關係企業的效果等。

因此,如果一件室內設計作品已經呈現具體的成果,且擁有一定的經濟利益,如果這時有人高度抄襲或攀附這個室內設計成果,就很有可能被法院實務認定為是不當競爭行為,而違反《公平交易法》第 25 條。

一旦違反《公平交易法》第 25 條,將會觸發《公平交易法》上行政、民事責任的法律效果,其中關於民事損害賠償應該大家最為關心的效果,在違反《公平交易法》第 25 條時,可以連結第 30 條:「事業違反本法之規定,致侵害他人權益者,應負損害賠償責任。」的損害賠償規定,而且有趣的地方是,《公平交易法》第 31 條不

僅規定被害人可以請求侵害人因侵害行為所獲取的利益，還允許法院得依侵害情節，酌定損害額以上的賠償，只不過不能超過損害額的三倍。

艾瑪可以怎麼主張？ 🔍

回到故事情境的討論，艾瑪請了知名設計師為紳士酒店進行風格設定跟室內設計，蘭度酒店總經理約翰入住後並用了紳士酒店的設計，依據上面的說明，蘭度酒店並沒有直接接觸到紳士酒店室內設計「圖」本身，而僅是風格相同、類似的家具擺設、配置，並沒有侵害紳士酒店的圖形著作，而蘭度酒店是舊有建築，僅將室內裝潢翻新，沒有室內設計本身與建築物結構緊密結合或依附於建築物內部，成為建築物內部空間不可區分，或在居住使用上難以分離一部分的問題，所以也沒有侵害到紳士酒店的建築著作。

不過，也如同上述，艾瑪可以主張紳士酒店之設計屬其完成之室內設計成果，並具有獨特性及經濟利益，蘭度酒店高度抄襲紳士酒店具有獨特性的設計，並直接使用在自家的總統套房，已榨取紳士酒店的室內設計成果，且這種高度抄襲行為有致相關消費者誤認的疑慮，應為《公平交易法》第 25 條所稱的足以影響交易秩序之欺罔或顯失公平的行為，艾瑪可以依《公平交易法》第 30、31 條請求蘭度酒店因侵害行為所獲取的利益，或請求法院依侵害情節，酌定損害額以上的賠償。

法白提示

◆ 擺設雷同較難主張抄襲

室內設計圖本身是圖形著作，除非直接抄襲該設計圖，不然，單純抄襲他人風格擺設，很難說是侵害室內設計的著作財產權，不過，如果說該室內設計本身與建築物結構緊密結合或依附於建築物內部，成為建築物內部空間不可區分或在居住使用上難以分離的一部分，並透過整體設計表達出作者的個性及獨特性，並非一般常見之室內慣用配置或與建築著作本質無關的家具飾品擺設，這種時候法院實務就會傾向認定為建築著作，而認為侵害該建築著作的著作財產權。另外，在商業競爭的情形，就算沒有侵害智慧財產權，也不要忘記有《公平交易法》第 25 條、第 30 條及第 31 條，可以加以主張。

相關法律與參考資料：

1. 著作權法第 3 條。
2. 著作權法第 10 條。
3. 著作權法第 5 條第 1 項各款著作內容例示第 2 條。
4. 公平交易法第 25 條。
5. 公平交易法第 30 條。
6. 公平交易法第 31 條。
7. 最高法院 103 年度台上字第 1544 號民事判決。
8. 智慧財產法院 103 年度民著訴字第 5 號民事判決。
9. 智慧財產及商業法院 110 年度民著上更 (一) 字第 1 號民事判決，這個判決釐清了室內設計的許多智財問題，本文也是在這個判決的基礎上開展，是相當具有參考價值的判決。
10. 最高法院 93 年度台上字第 5488 號刑事判決。
11. 最高法院 86 年度台上字第 5222 號刑事判決。
12. 經濟部智慧財產局，著作權 Q&A，〈平面的美術著作或平面的圖形著作，有無保護到立體重製的情形？〉，https://topic.tipo.gov.tw/copyright-tw/cp-470-858924-ff634-301.html。

Q17 室內設計AI生成圖像屬於誰，亦或是侵害了誰？

故事情境

　　任職於室內設計公司的室內設計師小湯，除了工作以外，日常的興趣也與室內設計息息相關，放假時很常會去由知名設計師或建築師打造的飯店，觀察名家手法與細節，蒐藏與閱讀了很多建築師傳記、知名作品選集或是室內設計或建築攝影作品，啟發他許多的設計靈感。

　　隨著生成式 AI 的蓬勃發展，各領域的應用也大量被開發出來，包含文章、摘要、制式問答，甚至是影片和圖片，都能夠透過給予不同的 AI 應用文字提示（prompt）直接產生檔案，無論是行銷工作、美術設計或是文字編輯，都能透過 AI 找到許多新的工作流程與模式，身為動輒就要畫出數十張平面、立體圖面的室內設計師，小湯當然沒有錯過這波趨勢，運用過往累積的產業知識，輸入風格描述、設計師名字與品牌名稱等文字提示，生成了許多設計圖面。

　　小湯因為 AI 應用工具而提升了工作效率，對自己的作品更有信心，因此決定成立室內設計公司，並開始經營了粉絲專頁，將自己運用 AI 生成設計圖面的流程與作品張貼在粉絲專頁上與

粉絲分享，沒想到有越來越多人留言表示，他將大師的名字與作品的風格以文字提示方式生成圖片，已經侵害這些設計名家的著作權了，但也有一派粉絲留言力挺，認為 AI 生成的圖片不會受到著作權保護，小湯因此感到十分困擾，不確定自己的所作所為是不是合法。

解 析

圖片到底是 AI 的創作，還是小湯的創作？

　　在討論小湯用 AI 應用工具生成的圖片究竟有沒有侵權時，必須得回歸先前我們在 Q12 時提到的著作權基本概念，也就是先討論小湯生成的圖片，以及他使用的 AI 應用工具中所使用的素材與圖片，到底是不是《著作權法》裡面所稱的著作。

　　我國《著作權法》明文規定，是為了保護著作人的著作權益才訂立《著作權法》，而著作權的主管機關經濟部智慧財產局的認定，亦指出因我國《著作權法》有規定著作人在著作完成時享有著作權，以及若法人為著作人時，其著作的著作財產權存續至公開發表後 50 年，因此《著作權法》保護的著作，必須要是自然人或法人的創作。

　　依照智慧局目前的見解，認為 AI 本身便是人類製造出來的機器所展現的智慧成果，由它再進一步創作出的智慧成果，因此原則上並不是《著作權法》要保護的著作，但如果有自然人或法人參與創作，AI 只是像其他機械工具一般被人操作的話，這樣產生的創作結果，就會是《著作權法》保護的著作，並且由操作 AI 的人為著作人。

　　以市面上常見的 AI 應用工具來說，目前給的提示越複雜，生成的圖片就與輸入提示者想要的越接近，從這過程可以看出，人類腦海中想像的畫面越具體、有越明確的提示詞以及越多的描述，例如顏色、不要有什麼或要有什麼元素，AI 應用工具的角色就越接近一般的機械工具，只是用來展現人類的想法，而沒有自身創作，那麼此種情況下，依照現行《著作權法》的規定，生成的圖片的著作

權就會是屬於輸入提示詞的人，在本故事情境中，也就會是小湯。

值得注意的是，除了《著作權法》規範以外，所使用的 AI 應用工具中，也通常都會有不同的智慧財產權服務條款，如果使用該工具，就代表同意該服務條款，進而受到拘束，這也是使用者需要多留意的地方。

AI 生成的圖片會侵權嗎？ 🔍

本故事情境中，小湯另一個很擔憂的部分，也就是他使用 AI 應用工具生成的圖片，即便著作權是屬於自己的，會不會還有侵權的問題，這時我們就需要討論的便是使用 AI 應用工具的過程中，有沒有符合著作權侵權判斷要件**「實質近似」**以及**「接觸可能性」**。

「實質近似」指的是兩個作品間是不是足夠相似，也就是像不像的問題，這方面在圖形或是美術著作實務上的判斷，法院會以「整體觀念與感覺近似」來判斷，不是把兩個作品拆解一部分一部分去比對，而是透過一般大眾的觀點與印象來做判斷，像是故事情境中小湯將作品放在粉絲專頁，就有許多人說小湯的作品好像某位大師的作品等情況時，基本上就構成「實質近似」了。

但當小湯使用的是 AI 應用工具時，要如何判斷「接觸」就會很困難。因為現行實務上，這類 AI 應用工具都是透過大型的演算模型，去抓取開源資料或是已取得授權的大型資料庫來生成圖片，此種情況下，因為抓取資料進行機器學習這端已經有取得授權，小

湯根本無法得知使用的工具爬取資料庫內有哪些圖片，這時小湯在使用該應用工具，較不會有疑慮；反之，如果今天一個應用工具，是讓小湯把原本著作的圖片餵進去資料庫，再利用該工具生成相似的圖片，這時候就是很典型同時符合「接觸可能性」和「實質近似」的著作權侵權行為。

AI 橫空出世後的著作權困境 🔍

依照目前 AI 研究領域以及司法領域的見解，可以大致透過一個作品是否足以被認定是 AI 自行創作產出，或是是人類操作 AI 而創作出來，兩者來判斷該作品會不會受到著作權保護，前者因為沒有人的創作成分參與其中，因此不是人的創作，自然不是《著作權法》保護的著作；而後者的形況下，AI 應用工具與一般的電腦軟體沒有差別，只是人類用來創作的工具，因此該作品會是人類的創作，受到《著作權法》保護。

但現行狀況下，已經有許多藝術家認為，AI 應用工具在爬取資料進行學習與演算時，未經他們同意使用了他們的著作，因此 AI 應用工具的開發者應該要負擔侵權責任，此時藝術家們要怎麼樣舉證特定 AI 應用工具使用了他們的創作進行演算與學習，就會因為資料來源以及資料量過大，有舉證上的困難。

因此，未來 AI 應用工具生成的作品，到底要不要透過《著作

權法》來保護、要怎麼保護，以及要保護的是誰的權利，都有待各
國立法者以及司法體系進一步去做出價值選擇與法律適用的認定，
才能讓未來的智慧財產權體系，正式做好迎接人工智慧時代的來
臨。

法白提示 ● ● ●

◆ 若使用 AI 生成圖片，建議事先向客戶與群眾坦白

法律的訂立、修正與實務上的適用，往往都會比科技發展
來得慢，但身為工作需要大量投入智慧與經驗創作的室內
設計師，若要降低 AI 生成圖片所產生的風險或疑慮，建
議還是要向客戶與群眾揭露圖面是否是由特定應用工具生
成，以及自己做了哪些更動與調整，才能維持雙方的信賴
關係。

相關法律與參考資料：

1. 著作權法第 1、10、33 條。
2. 經濟部智慧財產局智著字第 10700038540 號函。
3. 經濟部智慧財產局電子郵件 1070420 函釋。
4. 最高法院 97 年台上字第 6499 號刑事判決。

Chapter 03

施工驗收的
各種保障

Q18 申請裝修許可還要錢，可以不要申請嗎？

故 事 情 境

　　安迪買了一間已經裝潢過的 4 層樓公寓，沒想到歡喜入住後沒多久，就發現廁所的管線有老舊損壞的情況，為了一勞永逸解決問題，安迪決定將整個浴廁重新裝修，在裝修前雖然有被朋友提醒過要注意法規，但安迪記得 6 層樓以下的集合住宅如果要裝修，是不需要取得室內裝修許可的，於是就擅自請人開始動工。

　　不料過了幾天，安迪就遭到樓下鄰居檢舉，之後更收到一張 6 萬元的罰鍰，原因是未經申請審查許可擅自裝修，為什麼會這樣呢？

A: 要不要申請，必須依照建築物的類型來判斷！

解 析

什麼樣的工程屬於室內裝修 🔍

　　在探討後述的室內裝修許可問題前，「什麼樣的工程屬於室內裝修」這個大前提可不能不搞清楚，依據《建築物室內裝修管理辦法》規定，室內裝修包含：

1. 固著於建築物構造體之天花板裝修，例如包梁設計；
2. 內部牆面裝修，例如打掉或挪移原有牆面；
3. 高度超過地板面以上 1.2 公尺固定之隔屏或兼作櫥櫃使用之隔屏裝修，例如製作超過 1.2 公尺的固定裝飾屏風；
4. 分間牆變更，例如改變住宅隔間。

　　至於壁紙、壁布、窗簾、家具、活動隔屏、地氈等之黏貼及擺設則不包括在內。所以像是貼壁紙、換木地板、裝櫃子、設置活動拉門之類的工程在法律上都不算是室內裝修。

兩大類建築物需要申請室內裝修許可 🔍

　　眾所周知，裝修這件事，有許多大大小小的問題需要操心，首先需要面臨的問題，就是「哪些室內裝修需要取得許可」？實際上依據我國《建築法》以及《建築物室內裝修管理辦法》的規定，需要向地方政府建管處申請室內裝修許可的建築分為兩大類，分別是**「供公眾使用建築物」**以及**「經內政部認定有必要之非供公眾使用建築物」**。

供公眾使用建築物 🔍

　　所謂的「供公眾使用建築物」，依據《建築法》規定，為供公眾工作、營業、居住、遊覽、娛樂及其他供公眾使用之建築物均屬之。而內政部營建署對此也有更加詳細的說明，舉凡電影院、理髮廳、健身中心、旅館、醫院、銀行、酒吧、6 層以上之集合住宅（公寓）、總樓地板面積 200 平方公尺以上之資訊休閒服務場所……等，都屬於「供公眾使用建築物」，這其中又以**「6 層以上之集合住宅（公寓）」**與民眾最為相關，因此在裝修時記得要申請許可。

　　需要特別注意的是，有些場所需要達到特定面積才會被認定為「供公眾使用建築物」，但內政部在認定上是以總樓地板面積下去計算，並不是單純視單一戶的室內面積決定的，在評估之前需要多加留意。順帶一提，小型民宿原則上不屬於「供公眾使用建築物」，但如果將一層樓隔出 6 間以上的房間或設置 10 個以上床位的房間，就算不是集合住宅，也會被認為是「供公眾使用的建築物」。

經內政部認定有必要之非供公眾使用建築物 🔍

　　非供公眾使用的建築物，「原則上」是不需要取得室內裝修許可證的，但內政部還是有規定了幾種例外情況，例如：
1. 固定通信業者設置之集線室，也就是所謂的基地臺；
2. 資訊休閒服務場所，主要是指網咖；

3. 集合住宅及辦公廳，增設廁所、浴室或 2 間以上居室，依據內政部函釋，除非整棟樓從上至下都屬於同一人所有，否則只要增設浴廁、2 間以上居室造成分間牆之變更時，仍須取得室內裝修許可證，代表即便是只有 5 層樓的集合住宅，個別戶想要增設浴廁或調整隔間時，仍須取得室內裝修許可。

法白提示

◆ **裝修前切記申請許可**

依據《建築物室內裝修管理辦法》規定，涉及結構破壞或空間變更的工程都可能構成室內裝修。「供公眾使用建築物」以及「經內政部認定有必要之非供公眾使用建築物」的室內裝修，需要向地方政府建管處申請室內裝修許可。

相關法律與參考資料：

1. 內政部營建署 90.09.03 營署建管字第 927970 號函（固定通信業者設置之集線室）。
2. 內政部營建署 92.03.21 營署建管字第 0922904339 號函（資訊休閒服務場所）。
3. 內政部營建署 96.02.26 臺內營字第 0960800834 號函（集合住宅及辦公廳，增設浴廁或 2 間以上居室）。
4. 內政部營建署 99.3.3 臺內營字第 0990801045 號函（供公眾使用建築物之範圍）。
5. 內政部 107 年 4 月 24 日臺內營字第 1070803969 號函（集合住宅分間為 6 個以上使用單元或設置 10 個以上床位居室）。
6. 內政部營建署 111.3.9 內授營建管字第 1110804387 號函（民宿 6 間以上客房屬於供公眾使用之建築物）。

Q19 依法施工但鄰居
還威脅投訴該怎麼辦？

故 事 情 境

　　詹米繼承了家中的房產後，因為已經是超過 30 年的社區住宅，決定大刀闊斧進行整頓裝修，拿到主管機關的室內裝修許可，並向管委會申請完畢後，詹米自認已做好一切事前準備。

　　不料才開工第一天下午，詹米就接到來自管委會的奪命連環 Call，表示樓上阿伯投訴太吵而且煙霧滿天飛，不趕快處理就要叫主管機關來開罰了，讓詹米頭痛不已，這件事真的有這麼複雜嗎？

A： 依法取得許可且符合相關規範的裝修，不需要擔心被裁罰的問題！

解析

噪音問題 🔍

　　室內裝潢不可避的會產生一定程度的噪音，依據《噪音管制法》第 9 條及第 24 條規定，如果施工產生的噪音已超出主管機關設定的標準值，而且被主管機關要求限期改善後還是超標，主管機關可以按日或按次處以新臺幣 18,000 元以上 180,000 元以下罰鍰，或直接要求停工，詳細的噪音標準值可以參考《噪音管制標準》規定。此外，如果不在地方政府規定時間內施工（一般都是平日早上 8 點到晚上 10 點、假日早上 8 點到中午 12 點以及下午 2 點到 6 點），主管機關可以不測量噪音值直接開罰。

　　此外，依據《公寓大廈管理條例》第 16 條規定，**住戶有發生喧囂、振動及其他與此相類之行為時。**管理負責人或管理委員會應予制止或按規約處理，經制止而不遵從者，得報請直轄市、縣（市）主管機關處理，違者可處臺幣 3,000 元以上 15,000 元以下罰鍰，並得令其限期改善。裝修時常發生鄰居向管委會檢舉的情況，管委會依法也有報請開罰的權利。因此在裝修時也必須和管委會進行妥適的溝通，避免受罰。

空污問題 🔍

　　施工所產生的粉塵也同樣受到法律規範，首先依《營建工程空氣污染防制設施管理辦法》第 7 條規定，施工時應蓋防塵布或防塵

網等有效抑制粉塵之防制設施，違者若遭檢舉，主管機關可依《空氣污染防制法》第 32 條及第 67 條規定，處新臺幣 1,200 元以上10 萬元以下罰鍰；如果是工商廠、場違反規定，將處新臺幣 10 萬元以上 500 萬元以下罰鍰，並通知限期改善，屆期仍未完成改善者，按次處罰，情節重大者，還可能被勒令停工。此外如果遭民眾檢舉空污，依《空氣污染防制法》第 16 條第 1 項第 1 款規定，主管機關還可以向營建業主收取一筆空氣污染防制費。

管委會的部分與噪音相同，依據《公寓大廈管理條例》第 16 條規定，住戶有發生排放各種污染物及其他與此相類之行為時。管理負責人或管理委員會應予制止或按規約處理，經制止而不遵從者，得報請直轄市、縣（市）主管機關處理開罰。

變更建築結構須取得「變更使用執照」 🔍

依據《公寓大廈管理條例》第 16 條第 3 項規定，住戶為維護、修繕、裝修或其他類似之工作時，未經申請主管建築機關核准，不得破壞或變更建築物之主要構造。因此，如果施工涉及變更建築結構，必須要在事前取得許可，否則管委會或鄰里住戶都可以報請主管機關進行處理，依《公寓大廈管理條例》第 49 條規定，主管機關可以處新臺幣 4 萬元以上 20 萬元以下罰鍰，並得令其限期改善或履行義務；屆期不改善或不履行者，還可以連續處罰。

公共空間相關規範 🔍

　　依照《公寓大廈管理條例》第 7 條規定，社區內防火巷弄、走廊、樓梯間等常被稱為社區的公共空間的區域，都是屬於共用部分且不能約定專用，如果在此因停車或堆放物品等原因，導致有妨礙通行的情況產生時，依據《公寓大廈管理條例》第 16 條第 2 項規定，同樣可由管委會報請主管機關開罰。

　　如果因為在進行室內裝修，而把材料或家具堆積在這些區域，並且阻塞通道時，除了可能被開罰以外，如果阻塞情況已經到導致危害他人安全的程度時，可能還會面臨《刑法》第 189-2 條公共危險相關刑責，不可不慎。

法白提示

◆ **施工前要事先申請許可**

施工前要留意社區的規約,並向管委會報備裝潢內容與裝潢期間。如果要變更建築主要構造(例如破壞梁柱),必須事前取得許可。

◆ **施工前要做好保護措施**

施工前必須做好事前的粉塵防制措施以及事後清潔措施,並與管委會就施工產生粉塵相關問題進行妥適溝通。施工須留意避免產生過大噪音,且必須在地方政府指定時間內進行施工,否則將面臨主管機關的裁罰處分。

◆ **耐心處理鄰里問題**

如果鄰居認為裝修造成他們個人的損害,可能還會面臨鄰居以個人名義提起的損害賠償訴訟或其他糾紛,因此在裝修過程中切記要以耐心懇切的態度處理鄰里關係。

相關法律與參考資料:

1. 刑法第 189-2 條。
2. 噪音管制法第 9、24 條。
3. 噪音管制標準。
4. 空氣污染防制法第 16、32、67 條。
5. 公寓大廈管理條例第 16、49 條。
6. 營建工程空氣污染防制設施管理辦法第 7 條。

Q20 裝修發生意外，
保險可以幫上忙嗎？

故 事 情 境

　　在新竹科學園區工作的小智，在新購置的預售屋完成後，為了向女友求婚，立刻展開裝潢的工作，找到了珍卉裝修公司協助。簽約、報價、設計依序完成後，珍卉裝修公司也依約投入人力進行施工。沒想到意外接連發生，先是工地負責人未於現場落實感電檢查，導致水電工遭工地內不明電流電擊昏迷；後有工人下班後於工地抽菸，菸蒂竟意外點燃工地現場之松香水，引發火勢，不僅造成小智的房屋嚴重毀損，就連樓上下的住戶也遭波及。於是，遭電擊工人的家屬、小智、小智的鄰居紛紛提出賠償請求，珍卉裝修公司則趕緊向保險公司確認理賠的相關事宜。

　　問題來了，室內設計與裝修一般會投保那些保險？這些保險又有需要注意的嗎？

A： 適合的保險可以降低風險，但要仔細看保險的內容唷！

解 析

室內裝修應該投保什麼保險？ 🔍

　　室內裝修如有僱用勞工，依《民法》、《勞動基準法》、《職業安全衛生法》等規定，雇主往往對勞工從事工作之損害負有無過失賠償責任，其次，雇主對業主提供工作或服務過程中，如果故意過失造成業主損害，仍應按契約或侵權行為之規定負損害賠償責任，且不論是單一自由工作者或企業，均須留意以上風險。而室內裝修是否應該投保保險，在一般規模較小的工程或廠商具有相當資力可以承擔風險的情況，固然屬於見仁見智的問題，然而由於營造工作現場可能存在不明狀況，工期若展延不可預測性亦會同步上升，加上不同介面的管理若不適當，也可能引發系統性的風險等，因此，較為嚴謹的作法，仍是透過商業保險以分散營造過程中可能引發的危險。

　　而在室內裝修上，最重要者當為營造工程綜合保險莫屬，通常包含營造工程財物損失險（主險、財產保險）、第三人意外責任險（附加險、責任保險）及雇主意外責任險（附加險、責任保險）等項目，然而大方向來說固然如此，但因營造綜合保險的內涵，有賴市場多元化發展，各家商業保險公司承保範圍未必一致，於投保前應詳閱比較相關條款。

　　其中，**營造工程財物損失險**，主要是賠付承保期間內，工程及施工機具設備因意外所引起之毀損滅失，或就工程進行修復、重作所需之拆除清理費用等，比如，颱風、豪雨、火災、電擊所造成施

工現場材料器具、已完成或未完成工作毀損，屬於一種財產保險。所謂的財產保險，指的就是損失填補保險，主要針對被保險人因天災或第三人故意過失行為造成財產上損害，按照實際損失在保險金額（保單最大理賠金額）內賠償而言，目的在於保障被保險人免於積極的財產損害。而營造工程財物損失險之被保險人，可為業主也可為施工廠商，其中一方投保時，也可以將他方列為共同被保險人，可以避免因保險利益歸屬不同而拒絕理賠的問題。

其次，**第三人意外責任險**，指在保險期間內，被保險人在施工處所或毗鄰地區，於工程發生意外事故，致第三人傷亡或財物受有損害，依法應負賠償責任而受賠償請求時，由保險公司代為賠付而言，且若業主成為被請求賠償之對象時，保險公司對業主的損失仍負賠償之責，比如施工過程造成鄰損，或物料運輸過程中未就電梯施以保護，導致電梯內裝遭受破壞等，屬於一種責任保險。所謂的責任保險，是指當被保險人對於第三人，依法應負賠償責任，而受賠償之請求時，由保險公司代被保險人負賠償第三人的險種，目的在於保障被保險人免於消極的賠償責任。

最後，**雇主意外責任險**，指在保險期間內，被保險人之受僱人（年滿 15 歲，實際提供勞務之人）因執行職務發生意外事故遭受體傷或死亡，依法應由被保險人負賠償責任而受賠償請求時，由保險公司代為賠付而言，同樣屬於責任保險。且由於雇主依法應為勞工投保勞工職業災害保險及勞工保險，勞工於施工現場發生意外，原得以請求勞保、職災保險等社會保險理賠，因此，雇主意外責任

險主要是一種補充的責任，僅代雇主賠償超過勞保或職災保險理賠上限或不理賠的部分。

除了前述三種保險以外，基於勞工福利的立場，也可以考慮促成勞工共同投保團體傷害險，雖然理賠金不能抵充雇主之損害賠償責任，但仍可降低勞工因不可預期事件而受之損害。

工程營造保險好像包山包海，有什麼不賠嗎？ 🔍

《保險法》規定，保險人對於由「不可預料」或「不可抗力」之事故所致之損害，負賠償責任，但保險契約內有明文限制者，不在此限；保險人對於由要保人或被保險人之過失所致之損害，負賠償責任。但出於要保人或被保險人之故意者，不在此限。也就是說，只要是承保範圍，除了要保人或被保險人的故意行為以外，就算是人力無法避免的狀況，也都要理賠。

但一般市售的保單，對於特定事項，均會約定為「除外不保事項」以「排除在承保範圍之外」，意思就是說，「不保」所以「不賠」。這些特定事項，可能是基於無法評估其損害程度的特性，或是雖然可以評估，但評估結果超出共同危險團體所能負擔的範圍，或是避免保險成為犯罪的後盾等，因此需除外不保以免喪失保險的目的。

以富邦產險之保單為例：

共同除外不保事項	營造工程財物損失險 不保事項	第三人意外責任險 不保事項
（一）戰爭（不論宣戰與否）、類似戰爭行為、叛亂或強力霸佔等。	（一）任何附帶損失，包括貶值、不能使用、違約金、逾期罰款、罰金以及延滯完工、撤銷合約或不履行合約等之損失。	（一）因震動、土壤擾動、土壤支撐不足、地層移動或擋土失敗，損害土地、道路、建築物或其他財物所致之賠償責任。
（二）罷工、暴動、民眾騷擾。	（二）因工程規劃、設計或規範之錯誤或遺漏所致之毀損或滅失。	（二）被保險人、定作人及與承保工程有關廠商或同一施工處所內其他廠商，或上述人員之代理人、受僱人及其居住工地之家屬之體傷、死亡或疾病所致之賠償責任。但受僱人非在施工處所執行職務且與工程之設計、施工或營建管理無關者不在此限。
（三）政治團體或民眾團體之唆使或與之有關人員所為之破壞或惡意行為。	（三）因材料、器材之瑕疵、規格不合或工藝品質不良所需之置換修理及改良費用。但因上述原因導致承保工程其他無缺陷部分之意外毀損或滅失，不在此限。	（三）被保險人、定作人及與承保工程有關廠商或同一施工處所內其他廠商，或上述人員之代理人、受僱人及其居住工地之家屬所管理或使用之財物，發生毀損或滅失之賠償責任。但受僱人非在施工處所執行職務且與工程之設計、施工或營建管理無關者不在此限。
（四）政府或治安當局之命令所為之扣押、沒收、徵用、充公或破壞。	（四）保險標的之腐蝕、氧化、銹垢、變質或其他自然耗損。	（四）因所有、管理或使用下列財物所致之賠償責任： 1. 各型船隻、航空器、及其裝載之財物。 2. 領有公路行車執照之車輛及其裝載之財物。但車輛經約定投保施工機具並載明本保險契約者，不在此限。
（五）核子反應、核子輻射或放射性污染。	（五）文稿、證件、圖說、帳冊、憑證、貨幣及各種有價證券之毀損或滅失。	
（六）被保險人之故意行為。	（六）任何維護或保養費用。	（五）因損害管線、管路、線路及其有關設施所致之賠償責任。但被保險人證明施工前已取得上述設施位置圖及有關資料，並於施工中已盡相當注意者，為修理或置換受損設施所需費用不在此限。
（七）工程之一部分或全部連續停頓逾三十日曆天。	（七）清點或盤存時所發現任何保險標的之失落或短少。	
	（八）家具、衣李、辦公設備及事務機器之毀損或滅失。	（六）被保險人以契約或協議所承受之賠償責任。但縱無該項契約或協議存在，依法仍應由被保險人負賠償責任者，不在此限。
	（九）下列財物之毀損或滅失： 1. 各型船隻、航空器。 2. 領有公路行車執照車輛之毀損或滅失。但在施工處所用作施工機具，，經約定並載明於本保險契約者，不在此限。	
	（十）施工機具設備之機械、電子或電氣性損壞、故障、斷裂、失靈之損失。	

保險會理賠小智及鄰居及遭電擊勞工的財產損害嗎？ 🔍

　　故事情境中，倘若珍卉裝修公司已投保營造工程綜合保險，因為都在承保範圍，也非珍卉裝修公司故意引起，就算認定的結果珍卉裝修公司或勞工有重大過失，保險公司鼻子摸摸也應該在保險金額的範圍內予以賠償。

　　然而，倘若在認定理賠時發現除外不保事項，存在解釋上的疑義，甚至也有可能不公平的狀況，這時候該怎麼辦呢？

　　在個案中發生同一不保事項因為文字的多義性而可能產生認定困難時，《保險法》規定，應朝有利於被保險人之解釋為原則，法院及學說見解都認為，在直接朝有利於被保險人之解釋解釋前，應先綜合「危險共同體」及「保險的真諦」的概念為誠信解釋，也就是說，保險公司實際上是代表其他也同樣繳交保險費的被保險人，當在個案中要做有利於個別被保險人的解釋時，要注意其他被保險人是否也可一體適用？一體適用的結果是否違反保險的意義（善意、轉移風險等）？如果在做此誠信的解釋後，仍然無法確定條款的意義，才可以直接作有利於被保險人的解釋。

　　但如果條款沒有疑義，而是明白地對被保險人不利的狀況該怎麼辦呢？《保險法》及《民法》均有所謂內容控制條款，也就是如果條款內容，過於優惠保險公司，免除或減輕依法應負之義務，或對於被保險人過於刻薄，使要保人、受益人或被保險人拋棄或限制

其依法所享之權利，或其他顯然不公平的狀況，則該約定之條款將被評價為無效。

　　例如，綜合工程營造保險之保單中，所謂「第三人意外責任險」部分的條款，是將勞工、雇主的代理人等列為除外不保事項的，但最高法院曾認為，雖然勞工不屬於「第三人意外責任險不保事項」的文義很明確，但是不保條款畢竟是例外，例外的範圍不可以大於原則，否則這就是一種不公平現象；而工地現場上都有門禁管理，事實上會因工程發生意外事故的都是會進出現場的勞工，如果把勞工排除在外，就會發生例外大於原則的狀況，導致第三人意外責任險失其意義，宣告無效。不過，從現在來看，第三人保險與雇主責任險既然分別承保不同風險，雇主責任險也相當普遍，最高法院這項見解恐怕已不具參考價值。

法白提示

● ● ●

◆ 確認保單承保內容再投保

營造工承保險並非《保險法》典型的保險契約類型，除了可以參考《保險法》有關火災保險、責任保險章節的規定以外，其餘內容都要視保險業者如何制訂。而金管會所發布的保單示範條款具有行政指導功能，業者多會遵循，但這些條款多屬於基本條款，業者仍可以特約或自行決定承保之具體內容，因此投保營造工承保險前必須要確定各家保險業者承保之範圍，避免事故發生時需再透過法院判定保單內容之適用疑難。

相關法律與參考資料：

1. 富邦產物營造綜合保險基本條款，104 年 8 月 10 日版、和泰產物安裝工程綜合保險基本條款，106 年 3 月 1 日版。
2. 國泰產物雇主意外責任保險，111 年 5 月 19 日版。
3. 保險法第 29 條第 1 項、第 2 項。
4. 保險法第 54 條第 2 項。
5. 臺北法院 99 年度保險字第 99 號民事判決、臺北法院 99 年度保險字第 78 號民事判決。
6. 葉啟洲，保險法實例研習，第 49 頁，元照出版，2017 年 2 月五版。
7. 保險法第 54 條之 1、民法第 247 條之 1。
8. 最高法院 95 年度台上字第 2100 號民事判決。

Q21 接案施工還被鄰居告，
是不是告錯人了呢？

故事情境

　　小明經營室內設計公司，最近因房價偏高，接到越來越多老屋翻新的案子，業績蒸蒸日上，但是在裝潢、裝修等施工過程，免不了產生噪音、空氣污染、需要暫時占用公共空間或是改變空間配置，小明因此接連面臨鄰居提告、檢舉，甚至被指施工破壞建築結構，明明只是受委託施工，卻面臨官司纏身，小明到底該怎麼辦？

A: 民事、行政與刑事的責任主體大不相同,要負責的對象可能是業主,也可能是廠商。

解 析

　　施工時最令人頭痛的就是鄰居來吵架,因為涉及自身權益,所以鄰居通常會比任何人都還要認真監督施工廠商,甚至比監造單位還會找麻煩。通常都是「業主」找「廠商」來施工,所以當鄰居追究民事責任,或向主管機關檢舉時,到底是應該由「業主」還是「廠商」來負責?因為民事責任和機關行政裁罰的規範內容不同,所以究責的對象當然也不盡相同。為了釐清「業主」或「廠商」到底誰要負責任,我們要先掌握民事責任與行政裁罰的原則,後續也會以施工時常見的糾紛型態,如噪音及空氣污染、占用案場以外之空間、案場以外建築設施受損等情況,來進一步說明。

民事責任及行政裁罰的責任主體 🔍

　　民事責任的主體通常是行為構成法律要件的人,或是違反雙方契約規定的一方。因此第一步必須要檢視行為人的行為是否已經符合了法規的構成要件或是契約內容,如果有符合要件,下一步當然

就是要依法律或契約規定的效果負相對應的責任。

行政裁罰的情況有所不同，主管機關之所以進行裁罰，是因為受罰對象的行為影響了國家所要保護的社會秩序或維護的公共利益，通常也會把要處罰的對象明確地寫在規範裡。

噪音或空氣污染誰負責？ 🔍

從民事責任出發，對於施工所造成的噪音或空氣污染，受影響的鄰居可以請求停止製造噪音或空氣污染，並對於噪音或空氣污染造成財產、身體、健康、影響居住安寧等損害，請求損害賠償。要求停止妨礙及請求損害賠償，都是針對不法侵害之人所可以主張的權利，因此不僅限於受委託施工而實際上製造噪音或空氣污染的廠商，包括委託施工的業主，概念上也屬於實施不法侵害的行為人。因此受到噪音或空氣污染影響的鄰居，是可以同時向業主及廠商主張相關權利或請求賠償損害。

如果以行政責任的角度切入，《噪音管制法》及《空氣污染防制法》都是為了防制噪音及空氣污染，以維護國民健康及生活環境，提高國民生活品質所制定的法律。受到噪音或空氣污染影響的鄰居可以向主管機關檢舉，如果施工的噪音超出管制標準，將處罰「實際從事行為之人」，當然就是施工廠商。如果施工區域有空氣污染，依照空污法及相關規定，則是處罰「營建業主」，兩者情況有所不同。

另外，如果案場位於公寓大廈且設有管委會的話，鄰居有可能依照《公寓大廈管理條例》要求管委員處理，管委會依規定應該要制止及處理，如果業主還是置之不理，管委會也可以報請主管機關處理，此時主管機關就可以依《公寓大廈管理條例》要求限期改善，並處罰鍰。不過，《公寓大廈管理條例》規範重點在住戶的權利義務，因此，裁罰的對象就是業主而不是施工廠商。不過，業主受罰後，也可能再依雙方的契約規定，回過頭向廠商追究相關責任，進而產生事實上由廠商負責的效果。

占用案場以外之空間 🔍

廠商施工過程中，可能會因為施工物料需有足夠空間擺放的需求，當空間不足時，常會有暫放於案場以外空間的情形，此時當然也會對周遭鄰里造成影響。不過因為放置處所不同，鄰居可能主張不同權利，需要負責的對象當然也會因此不同。

假設施工時是將建材或工具堆放於道路、騎樓，鄰居可以向警察機關檢舉，因影響的是人車通行，也就是《道路交通管理條例》保障的「道路交通管理，維護交通秩序，確保交通安全」，所以警察機關可依相關規定令行為人即時停止並消除障礙，並將處罰行為人或其雇主，因此可知，業主或廠商皆可能會受罰。

如果是在社區內共用的道路、防火巷、樓梯間堆置建材及工具，

因《公寓大廈管理條例》已明確規定住戶不可以在私設通路、防火間隔、防火巷弄、開放空間、退縮空地、樓梯間、共同走廊、防空避難設備等處所堆置雜物，因此實際上雖然是廠商堆置材料機具，但解釋上廠商是受業主委託而來，所以受罰對象仍然是身為住戶的業主。要特別注意的是，如果廠商將建材及工具堆置於防火巷、樓梯間等逃生通道造成阻塞，導致他人的生命、身體或健康發生危害，行為人還可能會違反《刑法》規定，廠商將因此構成犯罪而負刑責。

隔壁房子受損了怎麼辦？ 🔍

如果廠商施工造成他人的建築設施受損，例如漏水、牆面龜裂等，則受損建築設施的所有人是可以依法向不法侵害之人請求損害賠償。至於不法侵害的人，當然必須依具體情況判定，除了實際施工造成不法侵害的廠商外，如果業主委託廠商進行不當施工的話，可能也需要負擔相關責任。

其實在進行工程施工時，需要注意的眉眉角角很多，不管是業主或是施工廠商，都要盡可能以影響他人程度最小的方式進行設計或施工，動工前也要適時地先向周遭鄰居打聲招呼，如此才可以最大程度的避免工程因為遇到鄰居抗議而無法順利進行，否則工程進度受到阻礙或是因為檢舉被主管機關盯上，最後吃虧的可能還是業主或施工廠商。

◆ 搞懂法律以免侵權

凡於施工過程，因故意或過失之行為造成鄰居損害，業主或廠商可能要負《民法》侵權行為損害賠償責任。又如果是違反相關行政法規，則要視法規規定的處罰對象，決定是處罰實際從事行為之人或是處罰營建業主。

相關法律與參考資料：

1. 民法第 184 條、767、793、794 條。
2. 噪音管制法第 9、10 條。
3. 公寓大廈管理條例第 16、47、49 條。
4. 道路交通管理處罰條例第 82 條。

Q22 為違建或加蓋進行裝修會有風險嗎？

故事情境

　　小迪是一名領有室內裝修與設計雙執照，跟著老師傅在大臺北地區執業的 28 歲菜鳥設計師。最近有個新客戶小賈，他剛購入一棟 1989 年興建的公寓 4 樓的某一戶，賣方有告知他們在 1991 年的時候有在頂樓加蓋鐵皮屋，提醒小賈如果要重新裝潢頂樓加蓋的部分，要記得找專業人士幫忙。小賈對房子跟房子的價格都很滿意，只是因為屋齡滿老的，小賈想要整個重新翻修，但想到違建的問題，於是想先尋求專家的建議，於是找上了小迪。

　　小迪沒有裝修違建的經驗，看過現場之後，發現公寓 4 樓的那戶也有陽臺外推的違法情形，但一方面老師傅有交代最近經濟不景氣，能接的案就要接；另一方面小迪又很害怕接下這樣的案子會害到自己。小迪應該怎麼做呢？

A： 告知風險、約定若被拆除的額外費用，並留存違建與加蓋施工前就存在的證據最保險！

解 析

什麼樣的建築是違章建築？ 🔍

　　根據《建築法》的規定，建築物沒有經過直轄市、縣（市）（局）主管建築機關的審查許可並發給執照，不得擅自建造或使用或拆除。而這些沒有經過審查許可並核發執照的工程，就是違章建築。這樣沒有經過前面要求的程序就擅自建造建物的話，會被處以建築物造價千分之 50 以下罰鍰，並勒令停工補辦手續；必要時甚至可以強制拆除該建築物。擅自使用者的話也會有類似的處罰。也就是說，違建這種擅自施工的建物，如果被政府知道，政府在必要的時候會把它拆掉。

　　而根據有沒有補救的機會，違建又分成**「程序違建」**跟**「實體違建」**。「程序違建」是指建物本身對整個都市而言是沒有問題的，建造者只要依照規定的流程去申請還是可以取得建築執照；而「實體違建」則是指建築物存在的本身就有問題，而不是單純的程序瑕疵可以補救回來。臺灣常見的違建像是頂樓加蓋鐵皮屋（超過頂樓建築面積 1 / 8 法定範圍的建物）、陽臺外推、露臺加蓋、夾層屋（夾層面積總和超過該樓面積 1 / 3 或 100 平方公尺）等。

　　違建除了在行政法規上面臨被拆除的風險，事實上在民事的交易上也有很大的疑慮。而因為交易像是土地、房子這類不動產的金額非常大，而且土地、房屋的交易也涉及國家土地利用、安排，為了使這筆交易的雙方當事人更有保障，也為了使國家可以更了解現在房地的使用狀況，按照《土地登記規則》的規定，要利用建物，

就要辦理登記，並且要提出使用執照或依法得免發使用執照的證件以及建物測 的成果圖。這樣的登記會使房／地所有權人的權利具有公示力跟公信力。違建由於無法取得建照，所以無法滿足這項要件，也當然沒辦法在地政機關登記為所有權人，也就沒有辦法移轉所有權。而由於臺灣這樣的建築不在少數，為了活絡經濟，實務上就發展出「事實上處分權」的概念，讓交易可以繼續。

總而言之，在私人的交易上，由於政策導向的含量較少，因此仍然允許交易的流通；然而在政策上不但不希望違建繼續出現，也希望舊有的違建可以逐漸被淘汰，因此各縣市都有針對違建發展出退場機制。以臺北市為例，1995 年以後才出現的「新違建」，原則上是即報即拆；1964 年至 1994 年出現的為「既存違建」，輕則拍照列管，列入分類分期計畫，若嚴重到危害公共安全的話更會優先查報拆除；1963 年以前在都市計畫出現前的建物稱為「舊有房屋」，如果有進行修繕，會拍照列管。但這個部分每個縣市不同，必須要分別去查詢各縣市的相關法規。

小賈購入的公寓四樓，頂樓加蓋的鐵皮屋部分就是屬於既存違建，在利用上就會受到一些限制。

業主想裝修頂樓加蓋的部分可以嗎？ 🔍

臺北市政府最近表示為了預防有危害公共安全情況發生，及加

速都市更新、整頓市容觀瞻等因素，決定要加速處理既有違建。

現行如果要針對違建的頂樓加蓋進行裝修，必須要向都發局申請審查許可，並檢附申請書、施工圖說及其他都發局指定的文件，得到都發局許可後才可以施工。然而為了避免既存違建透過室內裝修的方式逐步更新，這項規定也受到不少討論，有可能未來臺北市都發局不會再核准既存違建的室內裝修。

小賈退而求其次地想：「裝修不行，那總可以修繕吧？不然破破爛爛要怎麼利用？」現行法下既存違建的修繕是可以的，只是同樣會拍照列管。那這裡的修繕在法律上是有定義的，包括該違建的基礎、梁柱、承重牆壁、樓地板、屋架的更換，如果過半就不能修理或更換，不能使用永久性建材（像是鋼筋混凝土、鋼骨、鋼骨鋼筋混凝土、加強磚造等材料），同時也不可以增加樓高和面積，也就是說要維持原本的規模。

臺北市也有在討論是不是要禁止違建進行修繕，主要仍然是認為這有違拆除違建的政策，並且也擔心屋主利用修繕達成逐步更新，使公共安全的危害仍然存在。因此修法過後，修繕也不可以。原則上，既存違建的部分就是要拆掉，而不能再透過任何方式延長既存違建的壽命。

關於這部分的法規，仍然要持續關注各地方政府最新的政策如何，才可以知道當下的作法是不是最好的作法。

業主買來就有陽臺外推了，這樣裝修會有問題嗎？ 🔍

首先，還是要釐清違建的大原則是「拆掉」，只是緩急的差異而已。也就是說，新違建就是會要求拆除，那如果是既存違建，就要看各縣市建管處的態度決定，照目前國家的態度對於違建有越來越嚴格的趨勢來看，很有可能會被要求要把外推的陽臺復原。

小迪作為室內裝修師傅，在這裡可以做的是提醒小賈在交屋的時候拍照存證，或是再謹慎一點尋求公正第三方（比如里長）作證，至少證明這個陽臺外推不是小賈造成的，這樣的證明可能對於是否要花額外的錢復原外推有所幫助，但如果一定要拆也必須遵循執法人員的要求。

小迪同時能提醒小賈的是，這樣的陽臺外推違建，如果屋主當時在交屋的時候沒有告知違建情況，事實上是可以請求原賣家賠償的，不過這部分可能就不是建築師或設計師的專業，需要另外找律師協助處理。

民眾一般都擔心買到違建，要怎麼樣才能避免呢？如果沒有專業人士的協助，以臺北而言，其實大家可以透過臺北市違章建築地理資訊管理系統查詢，同時也能查到該違建現在的處理狀況，其預計是第幾期拆除等內容。如果擔心有政府沒有抓到的黑數，也可以去各地的地政事務所查詢當初的使用執照圖，來核對原始建造範圍，看是否有違規的情形。

只是依照契約幫別人裝修違建，在法律上會有問題嗎？ 🔍

若有按照法規要求申請室內裝修許可，並且按照許可範圍施工的違建裝修或是修繕就沒問題。但如果是違反建築法規的要求而擅自開工，或是透過任何方式規避，都可能面臨停工、拆除的風險。

若被拆除的話，建築業者必須要對業主負起契約上的責任，也可能有額外侵權責任的問題要面對。

法白提示　　　　　　　　　　　　　　• • •

◆ 違建處理方式依縣市規定而異

違建處理的方式每個縣市都不同，像是《臺南市政府違章建築處理要點》所規定的新違建跟既存違建是以 2010 年 12 月 25 日為區分時點；而《臺中市違章建築執行原則》則是類似臺北市的區分方法，將違建分成新違建、既存違建跟舊違建，舊違建是 1998 年 10 月 1 日以前興建的，既存違建跟新違建的區分時點則在 2011 年 4 月 20 日。也就是說，各個縣市有關違建拆除的規定是各縣市自己掌管的，建築師／室內裝修業者／室內設計業者在各個縣市執業遇到有關違建的問題，一定要記得去查詢各縣市相關法規。

相關法律與參考資料：

1. 建築法第 25 條、第 86 條第 1 款、第 2 款。

2. 違章建築處理辦法第 2 條、第 25 條、第 27 條。

3. 土地登記規則第 79 條。

4. 臺北市違章建築處理要點第 3 條、第 24 條。

5. 林俊廷（2012），〈違章建築之法律地位研究－從法秩序統一之觀點而（上）〉，《司法週刊》，1585 期，2 版。

6. 王澤鑑（2010），《民法物權》，自版。

7. 吳從周（2017），〈再訪違章建築－以法學方法 上「法秩序一致性」原則出發觀察其法 性質與地位〉，《法令月刊》，68 卷 6 期，頁 72-106。

8. 許政賢（2014），〈淺析違章建築事實上處分權之定位〉，《月旦裁判時報》，30 期，頁 63-73。

9. 臺北市建築管理處，〈建管小百科〉，https://dba.gov.taipei/News_Content.aspx?n=4241595307FE7055&s=BAAC00DAF02F8BA5。

10. 臺北市政府公報，第 101 期，民國 111 年 6 月。

Q23 最怕工班收錢不做事，如何有效防止？

故事情境

　　查爾斯是一名即將退休之臺北上班族，利用工作之積蓄及退休金，打算在宜蘭選定一間房屋重新裝潢，作為其退休後享受生活之地，遂委託設計師完成設計圖；但因查爾斯預算有限，並未一併委請設計師總包裝修之工班，打算自行尋找工班依照完成之設計圖進行裝修，藉此節省開銷。查爾斯經過多方比價之後，於當地尋得經濟實惠之工班，分別將拆除、泥作、水電、木工等項目交由不同工程行之工班來施作，惟因平日公務繁忙，查爾斯實在分身乏術，無法時時刻刻與工班進行溝通，遂將設計圖分別交付予各個工班並到房屋現場進行確認，在訂定期限之後，後續項目均交由工程行處理。

　　裝修初期，查爾斯只要有時間便會往返宜蘭確定裝修進度，查看工班均有依照原訂日程進行拆除，遂放心交給工班處理。往返數週後，查爾斯確認一切均有按部就班進行，遂未再緊盯著工班。再過數週後，查爾斯藉出差之便，再至房屋確認裝修進度，孰料，一到屋內卻發現依照設計圖應拆除打通之舊隔間並未拆除，而泥作、水電、木工裝潢工班之進度又因施作工程延宕而打

結，看到混亂的房屋狀況，一時之間難以梳理頭緒應該如何重整裝修進度，以及造成的損失又應該歸咎於誰？不禁後悔是否當初全權委託設計師進行統包，現在就不用如此操煩。

解 析

　　多數購屋者可能都曾遇過前述問題，究竟是否要委託設計師進行統包工程，或是要於設計師交付設計圖後，自行發包予不同工程行、自己與師傅溝通、監工確認工程進度。而有部分人則可能受限於預算，或是低估了實際上裝修房屋之流程之複雜性，以及可能衍生的問題選擇自行發包，而發生與故事情境類似的問題，以下提供幾個面向供讀者思考，應如何於事前盡可能避免問題發生，以及發生時應如何處理。

發生問題，到底應該找誰處理？ 🔍

　　實務上多數人會選擇全權交給設計師處理最大的考量，無非是因為業主只要一旦發現任何問題，例如工程延宕、品項不符、施作瑕疵等，只要找到設計師興師問罪即可，不用一一向各該負責項目之工班確認；反之，如果是自行發包的情況，拆除的廢棄物未清運導致業主受到主管機關裁罰，業主需要找拆除工班，依照雙方所簽立的契約釐清責任歸屬討論後續賠償問題；水電如果配置錯誤，可能連帶影響到施作完成之泥作是否需要拆除，待水電配置修正後予以重新施作；又倘若後續木工裝潢亦有部分已施作完成，拆卸之耗損裝潢損失，最終又應該找誰賠償。

　　前述兩種做法最大的之差異處即「契約」以及「相對人」之數量，全權交由設計師處理之作法，因為僅與設計師簽訂「一份」契約，契約之相對人僅有設計師，所以有任何契約所載權利義務範圍

內的問題，全部都找設計師一人處理即可；反之，如果是自行發包的情況，因為個別工班施作項目、所需的金額、進程均不同，所以會分別簽訂契約，一旦裝修期間有任一環節出現問題，則要先釐清應向哪個工班確認，再依個別契約之權利義務進而予以釐清責任。

找到人了，又應該如何處理？ 🔍

找到該負責之對象後，除了處理裝修本身之問題，若有後續衍生問題，諸如遭到主管機關裁罰或勒令停工等情形應如何處理。所以裝修期間各項工程項目施作時應該遵守和規定，即需透過「施工規範」加以規定，又須讓規範得以有效執行，免於形同具文，則要透過「合法之罰則」加以拘束，才確保契約得以妥善履行。

制定完善施工規範 🔍

施工規範泛指進行裝修應遵守的一切規定，像是一份極其完整的說明書，通常會作為裝修或工程契約之一部分，如果於裝修期間遇到任何問題，審視契約及施工規範，原則上都可以得到解決做法。既然施工規範之目的為此，其內容記載，一般來說是越詳盡越好，一般由工程項目開始，即本工程施作之目的、項目，進一步約定工程細項之規範標準，舉凡拆除、泥作、水電、木作各種材料之規格、標準、工法、計價計量等，一般以中華民國國家標準（CNS）為基

礎，倘有個別項目依國外標準更高之標準，會於規範中另外載明。而對於後續作業之範圍、計畫、進度表等，皆會載明於施工規範之中。

　　一般裝修裝普遍之工程項目如下，供讀者確認：

1. 拆除工程：

　　較常見的裝修或者翻新工程，往往有汰換物或廢料需要先拆除，而進行清除廢棄物、雜物、剩餘材料或垃圾前，應提出清運計畫，拆除下來之廢棄物應棄於當地主管機關核准之棄置區，或另外委請清運公司進行廢料分類處理，如果拆除下來的部分原料得以再利用，也可以約定作為他用、或是何品項以何價格交由他人回收。

　　而廢料之處理，以及拆除範圍外的環境維護，則是最常發生問題之處，若是自行發包所找的工程行，對於廢料往往疏於規範，如故事情境所述，很有可能拆除工班拆完就直接堆置一旁，或將清除之廢棄物棄置不顧或任意傾倒，有可能違反廢棄物清理法之相關規定，倘若未於契約及施工規範中加以約定，等到拆除後，才想到有廢料需要清運，好一點的情況是加價委請工班處理，否則業主則需要另外再請清運公司為之，需要再另外花費時間及金錢成本，更有可能延誤到後續之工程進度；另外則是環境維護，於拆除工作範圍內，業主若有預先保留之活動物品，是否應先移置他處，若於拆除期間發生損壞，該物品之修復或賠償責任應由何人負責？也應事前透過契約及施工規範加以記載，以免後續業主求償無門，或是工班有苦說不出。

2. 泥作工程：

　　泥作，或稱為圬工，即台語俗稱之土水部分，重點為水泥砂漿原料之品質，使用進口或國產水泥，水泥之品質是否符合國家標準，是否檢附原料出廠之相關證明文件、採樣抽查之試驗紀錄等；河砂品質、預拌混凝土之酸鹼、氯離子標準是否符合法規；工程期間之運送、儲存條件，以及施作前磚牆之濕潤度、幾道打底以及乾燥程度；砌磚是否預留水電、衛生管線或砌入套管、開鑿孔洞，管線配裝完畢之後之修補，上述細節最好皆於施工規範中加以約定，以免施作項目發生問題難以釐清咎責，導致後續修補或加工，業主包商雙方又因為費用增補發生爭執，或更可能影響到後續工班進場之時間，連帶影響整體工程進度。

3. 木作工程：

　　木作工程通常會再區分粗木作以及細木作，然而個別木作所用之木料、合板、接合劑之種類及等級、防焰耐燃、表面防腐處理，皆應符合國家標準、室內裝修法規、契約約定及施工規範約定，而防焰防腐有無經過檢驗，應檢附相關證明書為之。設計師或現場工班應確認木料是否充分乾燥、有無翹曲、蛀孔、腐朽、裂縫、節疤，或其他足以影響外觀、強度、耐久性之缺失；惟若是微小且不影響木材整體強度之活節疤，是否用於不露面處，或亦應汰換，也要依契約及施工規範而定。

　　如果其他夾板、木心板、木薄或是貼面材料等，則一樣要確認其厚薄、強度、外觀是否均勻、有無節疤等問題；貼面之品牌、樣式、花色等，則需要確認是否與施工規範相符。

約定合理且合法罰則 🔍

　　既然於契約及施工規範中已將裝修期間之遊戲規則及説明均已載明，要如何使雙方都能有效遵守，除了事前走廟擲筊、憑運氣看是否找到服務品質優良的設計師或工班之外，於契約之中約定違約責任，或許為更有效的作法，且能確保於真的不幸發生糾紛需要進入訴訟階段時，順利拿到勝訴判決。

　　舉凡實際裝修情況與契約約定、施工規範不符者，均可泛稱違約的情況，而一旦違約，則有賠償或違約金等問題發生，然而，實際裝修可能發生的問題往往難以全面預防，若業主態度強勢、咄咄逼人，恐怕也難以找到願意承接之設計師或工班，所以如何訂立合法、合理之罰則，在業主權益以及敦促設計師與工班間取得平衡，則是規範重點。

1. 違約金之約定：

　　違約金一般可區分為「懲罰性違約金」以及「賠償性違約金」二種，懲罰性違約金是指債務人不於適當時期，或不依適當方法履行債務時，即須支付違約金，債權人併得請求損害賠償。賠償性違約金是當事人雙方預先估算債務人違約造成的經濟損失的總額，又稱「賠償額預定性違約金」。債權人所受之損害，縱使超過約定違約金之數額，亦僅得請求違約金，不得更行請求賠償。簡言之，「懲罰性違約金」是只要債務人有違反契約約定，債權人就可以給予之「罰則」，如果因此造成債務人有其他的「損害」，與損害賠償請

求權兩者可以同時存在；而「賠償性違約金」則僅是預先對於「損害賠償」之數額加以約定，將來若發生問題可以減少舉證損害數額之困難，直接以賠償性違約金約近金額請求。

而較常見違約的種類屬遲誤履約期限，即遲誤工程期間類型，而一般此種違約罰則之屬於「懲罰性違約金類型」，較常見之訂立方式係以契約總價之一定比例，按日計算工程遲誤之違約金，但以此種方式約定比例一般較低，往往為千分之個位數比例；另一種方式則是會直接訂明延誤期限於幾日內為何比例，如遲誤一月內工程總價金 5%、二月內工程總價金 10%……等方式為之；而有關違反施工規範部分，較常見是因為使用之材料品質與當初契約約定之品質不符之情形，針對此種品質缺失之類型，亦可訂定懲罰性違約金，而此類型違約金約定方式亦會以契約價金總金額之一定比例作為約定方式，而不管何類型之違約金約定，皆可以有效敦促設計師或工班儘速完成工作。

2. 違約金酌減：

契約雖然皆看似於你情我願之情形下所簽立，包括違約金部分也是，但是契約雙方通常會有一方居於實際的優勢地位，另一方可能實際上無法與之磋商，此部分我國法律有透過其他制度再予以衡平，而在違約金部分，就有違約金酌減的條文規定。

按約定的違約金過高者，法院得減至相當之數額，《民法》第252 條定有明文。至於是否相當，即須依一般客觀事實，社會經濟狀況及當事人所受損害情形，以為斟酌之標準；又當事人約定之違

約金是否過高，須依一般客觀事實，社會經濟狀況，當事人所受損害情形及債務人如能依約履行時，債權人可享受之一切利益為衡量標準，而債務人已為一部履行者，亦得比照債權人所受利益減少其數額，倘違約金係屬損害賠償總額預定之性質者，尤應衡酌債權人實際上所受之積極損害及消極損害，以決定其約定之違約金是否過高。

因此，縱然已經於契約約定違約金，最後進入訴訟，法院仍會審酌契約以及實際工程概況、衡量兩造實際所受之積極損害與消極損害，作為判斷合理違約金之依據。

法白提示 　　　　　　　　　　　　　● ● ●

◆ 制定施工規範並約定罰則
施工規範作為契約之一部分，於簽訂時亦可委請有經驗之律師一併確認內容、違約之態樣、違約金之金額作為最能有效拘束承攬人之手段，更應事前妥善評估及訂定條文。

相關法律與參考資料：
1. 最高法院 62 年台上字第 1394 號判例。
2. 最高法院 79 年台上字第 1915 號判例。
3. 最高法院 88 年度台上字第 1968 號判決。

Q24 工程出大包，
業主要求我賠償怎麼辦？

故 事 情 境

　　小班是一名青年才俊的工程師，委託了同時也有其他住戶委託的設計師事務所為其新屋進行裝修設計，經過充分溝通後，對於設計師為其精心設計的都市男子風格非常滿意，尤其是為其打造的遊戲間，讓小班可以享受不被打擾的獨處時間。

　　小班聽聞過友人自行發包的慘痛教訓，二話不說決定將裝修工程一併交由設計師統包，以免後續麻煩，並滿心期待半年後就可以入住的新屋。

　　孰料，因為設計師承攬數間同社區之新屋裝修，竟將同樓層另一小家庭的溫馨住宅與小班的都市男子風格錯置，而工班也按圖辦事，直至數月後小班利用空閒之餘到現場確認狀況，才發現其都會男子住宅儼然變成溫馨家庭宅，其一心期盼的遊戲間，搖身一變成為兒童房，讓小班大為光火，解除契約並要求設計師賠償，馬上諮詢律師希望能解除契約並要求設計師賠償，惟經律師告知小班千萬不可貿然解約，縱然欲請求損害賠償，依照法律規定也有應該踐行之程序。

後經律師發函設計師，詢問本案狀況是發生什麼問題，設計師才發現搞混同樓層兩間住戶之設計圖與施工規範，連忙向小班賠不是，並表示仍會將小班之房屋裝修至原先預期之模樣，對小班延期入住造成之一切損失也都願意如數賠償。

解析

　　雖然將裝修工程交由設計師統包，會多付出一些費用，但可以省去與個別工班溝通、驗收、協調之成本，然而交由設計師全權負責不代表不會出現問題，裝修設計是一連串的問題整合與溝通，設計師身上往往不止單單幾件案件，一忙碌起來，發生問題的機會也不低，所以縱然業主願意「花錢省事」，設計師仍應定時與業主確認工作進度，及時發現問題，也才能及時處理。

　　以前述情境為例，裝修過程中出現重大瑕疵，雖小班將裝修工程全部交由設計師負責，要釐清責任歸屬相對非常容易，惟實務上業主、設計師、工班間責任歸屬通常相當複雜，而因裝修契約屬於承攬契約，依照《民法》承攬編之規定，要請求賠償也有需先踐行之程序，以下即就此部分為說明：

何時可以行使瑕疵修補請求權？ 🔍

　　有關業主得依《民法》第 493 條至 495 條行使有關承攬人瑕疵擔保規定之時間點，原則上是要於承攬人交付工作物之後方有適用，此立法規範之本意原來是預想，當工作物既然尚未完工，隨時都有再調整或修補改善之可能，意即當承攬人尚未請求驗收時，業主也無法具體指明何處瑕疵應如何修正，然而此一規定看似合理，而在某些特別的情況下，則會衍生出立法本意難以克服的問題，即是當今天承攬之工作物為建築物，而該瑕疵足以影響建築物或是工作物結構的安全時，難道也要等到整棟建物都完工後，業主才能行

使上開權利嗎？此一作法形同坐以待斃，彷彿真要等到鑄成大錯之後才能請求修補，到時要修補恐怕是要付出更高昂的成本。

而實務亦深知此種情形有其特殊性，最高法院即對此作出說明，亦成為現今多數實務見解肯認之作法，最高法院認「依民法第四百九十三條至第四百九十五條有關承攬人瑕疵擔保責任之規定，原則上固於工件完成後始有其適用，惟承攬之工作為建築物或其他土地上之工作物者，定作人如發見承攬人施作完成部分之工作已有瑕疵足以影響建築物或工作物之結構或安全時，非不得及時依上開規定行使權利，否則坐待工作全部完成，瑕疵或損害已趨於擴大，始謂定作人得請求承攬人負瑕疵擔保責任，要非立法本旨。」由此可知，倘若是重大、明顯且足以為安全結構之瑕疵，業主並非不得於承攬人提出工作物之前，先請求其為修補，或進而為後續相關權利之主張。

承攬人有修補瑕疵之權利，所以縱然發現瑕疵，也要先通知設計師修補瑕疵，設計師不於所定之相當期限內為修補，業主始可自行修補，並向承攬人請求因此所生之損害賠償。

依照《民法》第 493 條規定「工作有瑕疵者，**定作人得定相當期限，請求承攬人修補之。**承攬人不於前項期限內修補者，定作人得自行修補，並得向承攬人請求償還修補必要之費用。」此條規定之理由，即是考量到此工作物縱然有瑕疵，因為是承攬人所作，其有較專業之知識以及修繕能力，使其優先有修補瑕疵之機會，或許相對於直接另覓他人來施作修補，有機會以較低之成本，獲得同樣

效益之機會，因而有此規定。

　　而條文中規定所謂的「相當期限」，於實務中也是非常重要的「眉角」所在，今天就算原設計師坦承其疏漏，也願意妥善改正其瑕疵之處，但是改善工程也需要花費時間，所以法條才會規定需要給予「相當期限」予以改善，若此部分並未妥善為之，將來恐吃悶虧，此參我國最高法院實務見解曾以「而定作人依民法第 495 條第 1 項規定，請求承攬人賠償損害者，固應踐行同法第 493 條第 1 項瑕疵修補先行原則之規定，惟定作人請求承攬人修補所定期間相當與否，仍宜斟酌個案具體客觀情況，以交易習慣定之」，即係對此「相當期限」所為之說明。

如何通知才是有效的通知？ 🔍

　　上述已就若要為《民法》第 493 條至 495 條相關請求，必須先通知承攬人進行修補，然而應該如何為「通知」，多數人最常聽聞的存證信函應該如何寄送？如果遭以「查無此公司」為原因退回，或是根本不知道對方公司、工程行地址，又該如何應對？此一通知之送達，於訴訟實務上亦常為爭執之所在，若準備至此功虧一簣，豈不白忙一場，所以更要確保所為之通知有效，而我們可以透過實務見解之案例加以理解。

　　最高法院見解認為「查上訴人於八十四年七月十五日通知賀來公司修補瑕疵之信函，並未寄達賀來公司，有載明『查無此公

司』之退郵信封一件附卷可證。按依民法第九十五條第一項規定，非對話之意思表示以意思表示達到相對人時發生效力。該項修補之通知自以到達賀來公司才能發生意思表示達到之效力。由於上訴人通知瑕疵之信函未能寄達被上訴人賀來公司，故無從認為上訴人已盡其瑕疵之請求修補義務。至於賀來公司遷移未辦理公司章程變更登記，以致該通知不能以郵寄之方式送達，惟依民法第九十七條規定，因該項不能送達非可歸責於上訴人所致，亦僅發生上訴人得向法院請求准予公示送達之效果而已。」、「查原審既僅認定被上訴人聯絡不到逸殷公司修繕或逸殷公司已於九十六年十二月間暫停營業，卻未究明被上訴人有無依民法第九十七條規定以意思表示公示送達方式對逸殷公司為請求修補意思表示之通知？以及被上訴人於九十七年一月十五日之存證信函有無定相當期限請求逸殷公司為修補，即認被上訴人對逸殷公司有修補費用請求權，且不須踐行民法第四百九十三條第一項所定之定期修補之程序，已有未合」。

　　是依上述實務見解可知，若要發生合法通知，該通知之信函一定要「到達」相對人，否則不生合法之通知效力。而若發生客觀上無法送達，且不可歸責於通知人知情況下，也需要向法院聲請為「公示送達」，方生合法通知之效力。隨著時代以及科技發展，通知的方式越來越多元，上述作法難免顯得有些生硬，現今擬定契約時，往往會針對通知方法為規定，包括電子郵件、通訊軟體皆可作為通知之送達方式，已不再拘泥於傳統書信。

設計師或工班對業主的賠償責任 🔍

於踐行前述催告修補程序後，倘瑕疵仍無從修補，或是設計師或工班明確拒絕業主修補的請求，則業主便可能轉向設計師或工班請求因為此瑕疵造成的損害，可能被請求賠償的項目，包括業主另外委請他人修補瑕疵所生的費用、因工期延宕所生之遲延責任，如果因為管線設置不當，或浴室泥作、磁磚鋪面不當，造成積水造成業主其他物品毀損的工程瑕疵，設計師或工班也可能被業主請求損害賠償。

最後回到本故事情境，既然小班是交由設計師統包全權負責，設計師也因此要負擔責任，設計師也坦承他的疏失，並願意彌補小班之損失，將房屋修繕至原先設計圖規劃之情況，已經算是圓滿的結局。

如果今天設計師不願意承擔責任，業主小班光是要依前述規定，進行瑕疵修補通知的催告，再跟設計師進行多次協商，恐怕也難在短時間內針對怎麼解決問題有明確結論，如果不幸進入後續訴訟程序，雙方恐怕都需要花錢委託律師，對於設計師與業主來說都是雙輸的局面。

◆ **遵循法律程序，與業主討論最佳解決方案**

如果業主發現瑕疵，並依照法律規定的必要程序，向設計
師主張權利，設計師應誠實面對瑕疵發生的原因，若是因
為自己的原因造成，與業主共同討論修補或賠償方式，尋
求不要進到訴訟程序的解決方式，才是最佳方案。

相關法律與參考資料：

1. 最高法院 92 台上字第 2741 號判決。
2. 最高法院 99 年度台上字第 1516 號判決。
3. 最高法院 104 年度台上字第 2269 號民事判決。
4. 最高法院 105 年度台上字第 1837 號民事判決。
5. 最高法院 86 年台上字 2298 號民事判決。
6. 最高法院 101 年度台上字第 661 號民事判決。

Q25 施工時有人受傷，究竟誰要負責？

故 事 情 境

　　近日房市開始出現大量的老屋拉皮案，有個已經熄燈多年的飯店，業者 A 也想藉由這個風潮，找來 B 公司來重新翻新後，作為一般住宅推案銷售。

　　之後 B 公司找了小包商 C 在進行外牆整修工程，沒想到某天小包 C 找了小小包 D 負責打石拆除工作時，忽然一陣強風襲來，外牆鷹架突然強烈搖晃，甚至發生坍塌，大量鷹架直接從天而降，不僅是施工中勞工 E 因此受傷慘重，甚至壓毀路面汽機車，許多剛好經過的行人也因此受傷，現場滿目瘡痍。後續除了要將受傷人員就醫外，也要釐清工地發生之車損人傷，應該是誰要負責？

A: 業主與包商都有可能有責任,所以安全設備維護與提供很重要!

解 析

施工中的安全維護責任由誰負責？ 🔍

　　有關工地中的安全維護責任，大致可分成兩個面向，一是對外的建築相關法規，一是對內的職業安全衛生法規。

　　對外的建築法規，例如《建築法》，是為了實施建築管理而制定的法律，主要目的是為了要維護公共安全、衛生等目的，其中針對施工中的安全維護責任，《建築法》就特別規定建築物起造人、設計人、監造人或承造人，如果有侵害他人財產，造成危險或傷害他人時，應該分別負責。另外也規定建築物的施工場所，應該要有維護安全、防範危險及預防火災的適當設備或措施，因此，業主、施工單位或設計監造單位在工地中都有以適當設備或措施維護安全、防範危險及預防火災的責任。

　　對內的安全維護指的是雇主對勞工的保護，《職業安全衛生法》就是為了防止職業災害，保障勞工安全及健康所制定的法律，其中明確規定雇主對於施工相關事項應該要有符合規定的必要安全衛生設備及措施。而不論是業主找廠商，或是廠商找小包，都應要事前告知工作環境、危害因素，以及依法要採取的安全衛生設施。所以，在工地中，不管你是業主、大包或小包，都要為防止職業災害盡一份心力，必須負擔符合規定且必要的安全衛生設備及措施。

　　初步了解業主或廠商的安全維護責任後，接下來就要來看，施工中如果發生人員受傷，是誰要負責。

走路經過旁邊就被鷹架砸傷，誰要負責？ 🔍

　　既然前面提到的建築法規的制定目的，就是要保護民眾生命、財產安全，如果廠商沒有依照相關法規的要求，盡到提供適當設備或措施的責任，導致現場工作人員或其他外部人員，如路人或鄰居，因此受傷或有財物受損，這時候業主或廠商可能就要負擔損害賠償責任。

　　舉例來說，故事情境中施工廠商在從事外牆作業時，依照「建築技術規則建築設計施工編」，應該要在施工場所的周圍，設置一定高度以上的圍籬或其他防護設施，以防止高處墜落物體發生危害，當然就是為了預防人員意外傷亡或物體墜落而危及公共安全。其實，施工安全的規定很細緻，甚至連鷹架的品質、容許載重量、鋼索的安全係數等都有詳細的規定，施工廠商在進場施作前，也應該要將相關規定研讀熟悉，以免因為不熟悉規定造成他人受傷，還要因此負上民、刑事法律責任。

現場工作的勞工受傷怎麼辦？ 🔍

　　如果受傷的是現場勞工，除了前面提到的建築法規責任外，現場的施工廠商，不論是大包、小包或小小包，都需要額外對現場工作人員的職業安全及健康付出更多的注意，因為違反規定造成勞工受傷，除了要負《民法》所規定的損害賠償責任外，依照《勞動基

準法》的規定，勞工如果在工作過程中，因為遭遇職業災害而有死亡、失能、傷害或疾病的情況時，雇主依法還要負職災補償責任。此外，有關職災補償責任的負責範圍其實不只是違反規定或有任何疏失造成勞工受傷，縱使對於勞工於工作中受傷一事，並無任何可歸責的過失，一旦勞工發生職業災害，現場的施工廠商都必須負擔職災補償責任。

這時候你可能會疑惑，現場的勞工又不是我聘請的，小包或工頭自己找來的人員，是不是小小包自己負責就好？

完全不是，依照勞基法的規定，就算是小包或小小包找的勞工，只要是現場工作的人員在執行工作的過程中有發生職業災害，上從業主、大包，下到小包、小小包，所有人依法都要連帶負雇主責任，這是為了避免勞工的真正雇主（例如小小包）的資力沒辦法填補受傷勞工的損害，而要求業主及所有包商一起承擔的制度，當然，最終負責的人還是勞工的雇主，所以大包或小包就職災補償責任負連帶責任補償職災勞工後，還是可以再向職災勞工的直接雇主小小包求償。

另外，《職業安全衛生法》也有特別規定當業主發生違反相關職業安全衛生規定的情形，造成勞工發生職業災害時，業主是要與廠商連帶賠償責任。所以總歸一句，通通別想跑。

像是故事情境中，是飯店業者 A 將重新整修的工程交由 B 公司

承攬，所以工程事業單位就是飯店業者 A，B 公司則是承攬人，負責外牆工程的 C 及負責打石的 D 屬於再承攬人。因此勞工 E 在工作過程中，因鷹架崩塌而受職業災害時，除了可以依《職業安全衛生法》相關規定要求原事業單位、承攬人、再承攬人負連帶損害賠償責任外，也可以要求飯店業者 A、承攬人 B、再承攬人 C 及 D 依照《勞動基準法》規定連帶負雇主補償責任，請求醫療補償、工資補償、失能補償，甚至如果因此死亡，勞工 E 的家屬可以請求死亡補償。

當然，能夠具體提供安全防護措施，才是真正解決問題的好方法，所以不論你是業主、大包、小包或小小包，都要盡力提供該有的安全設備或設施給勞工，以避免工作場所中存有危險，對執行作業的勞工造成傷害。

法白提示

◆ 勞工若發生職災，雇主皆有責

勞工因施工現場未依職業安全衛生法及其子法採取必要安全衛生設備及措施，致發生人身傷害時，現場之施工單位縱非勞工之雇主，仍須依《勞動基準法》第 62 條規定負同法第 59 條職災補償責任，並依《衛生安全法》25 條第 2 項規定，負《民法》第 184 條第 2 項損害賠償責任。

相關法律與參考資料：

1. 民法第 184 條。
2. 建築法第 1、26、63 條。
3. 臺灣高等法院臺中分院 110 年度上字第 396 號民事判決。
4. 建築技術規則建築設計施工編第 150 條。
5. 勞動基準法第 59、62、63 條。
6. 職業安全衛生法第 1、2、6、25、26、27 條。
7. 臺灣高等法院臺中分院 109 年度上字第 122 號民事判決。
8. 臺灣高等法院臺中分院 107 年度勞上字第 45 號民事判決。
9. 臺灣高等法院臺南分院 106 年度抗字第 60 號民事裁定。

Q26 師傅簽約收款後一直拖，設計師能怎麼辦？

故事情境

　　小馬最近剛跟愛情長跑的女友結婚，買了一棟在臺北精華區屋齡 25 年的老房，於是找上 T 設計公司進行室內設計及裝潢的工程。但由於裝修老屋所需時間、花費甚鉅，T 設計公司規模不大無法負荷，二方面小馬也不是很有錢，無法負擔這麼龐大的金額，因此雙方一開始就有談妥說 T 設計公司只負責出圖，後續則由小馬買斷設計圖再自行發包。

　　一開始雙方都覺得事情雖然麻煩但也算進展順利，沒想到 T 設計公司有天接到小馬怒氣沖沖的質問電話。因為小馬聽到水電師傅施工完後，就找了泥作師傅要來接著施工。想不到泥作師傅一來就抱怨水電師傅還沒有弄好水電無法施作，並表示設計圖有問題，怎麼會這樣設計等……

　　小馬覺得十分氣憤，認為是 T 設計公司的問題，但 T 設計公司也覺得十分困擾，認為工程進度應該是小馬要自己掌握，究竟，是誰要為延宕的工期負責任呢？

A: 怠工跟遲延狀況不同，終止、解除契約或是減少報酬都是解法。

解 析

監工是誰的責任？ 🔍

　　監工的責任，會涉及契約的設計。而由於消費者一直無法了解裝潢的相關生態，導致紛爭層出不窮，為了保護消費者，因此也發展出有關建築物室內裝修的設計委託定型化契約範本、工程承攬定型化契約範本以及設計委託及工程承攬契約書範本。在這些定型化契約中，都有關於監工，也就是工程管理的規定。

　　而根據前述定型化契約的規定，可以歸納出來：在設計與工程承攬兩者分屬兩家不同業者的時候，從事設計的業者必須負擔工程管理的責任，包括工程圖說說明會、雙方約定的定期工程檢討並進行重點監督、對於施工廠商提供之材料樣本審查、工程變更的指示及工程驗收等。但如果設計業者同時也作後續的工程，這項責任就可以被免除。這樣的操作並非是圖利業者，而是由於設計跟工程承攬如果分屬兩個業者，就有溝通協調的必要，因此在定型化契約則規定設計業者必須要負起這項責任；但如果兩項業務是隸屬同一業者，這時候其內部就可以統一溝通協調，而且在實際操作上球員兼裁判也沒有實益。

　　那套用回 Q6 有關設計師跟工班間法律關係的內容，一樣按照三種情形分別說明。

情形一：設計師設計完畢後，由業主自行發包工班

　　簡單幫大家回憶一下前面的內容，在這樣的狀況下，業主與設

計師間存在的是設計契約，而與裝修業者（工班）間存在的是裝修／施工契約，兩個法律關係間相互獨立，也就是說設計師與工班間並沒有產生法律關係。

這時候如果發生工班工作逾期未完成的遲延責任時，就要看原本業主跟設計公司之間，是有沒有買斷設計圖而自己發包，畢竟監工費也是一筆費用，如果自己懂工程也願意花時間，確實不失為省錢的好選擇。而所謂買斷設計圖，就是指業主買下這張圖的著作權而可以自由利用，包括後續的發包：自己找工班施作、進行監工等等。也就是說，買斷設計圖後，原則上後續發生什麼問題，設計師也不需要承擔法律責任，這之中當然也包括承攬契約的遲延責任。那如果後續在進行上覺得難以負荷，也還是可以支付監工費請原本的設計公司回來作工程管理。

而如果沒有買斷設計圖也沒有移轉權利義務的話，設計師在出完圖後，根據定型化契約的規定，就仍需對業主負擔包括工期安排的監工責任。也就是說，這時候的法律關係會變成工班對業主負擔承攬契約的遲延責任；設計師也需對業主負擔工期安排的責任。這樣的結局，設計師日後也比較容易在「遲延是因為誰導致的」產生法律上的爭執。

情形二：設計師統包（D&B）

所謂「統包」，就是指當初設計公司與業主間簽訂的是一條龍式的承作，包含設計與施工在內的全部工作，再由設計公司或另行

尋覓合作之營造廠商協助參與施工。換言之，與業主有承攬契約的就是設計公司，而設計公司與自己尋覓的工班間也有承攬關係。

在這樣的情況下，負責監工的人當然是設計公司，雖然定型化契約明白表示這時候可以免除施工督導的部分，但實際上由於其必須對整個施工結果負責，因此當然必須對工期的安排負責。而監工費的部分就被吸收在統包的費用中。而如果工班收了款項卻遲遲不完工，設計公司可以對工班請求遲延的賠償責任，但同時也對業主負擔承攬的遲延責任。

情形三：設計師承包部分，其餘協助或由業主自行發包工班

如前所述，這部分由於是前面兩種情形的混合體，可以分別按照前面兩種情形切割責任：設計公司處理的部分，就由設計公司負責；反之，則是由業主這邊負責。在這個情形，多半還是會需要人負責監工，因為工序之間仍然需要有人負責協調，這時候就要看當初跟設計公司是怎麼談的。

承攬契約的遲延責任 🔍

原則上，《民法》的承攬契約規定是報酬後付，必須要完成一定的工作才會給付報酬。而在室內裝修工程承攬的定型化契約中有規定付款方式，一般來說還是會分次按工程階段性地付款。因此，如果工班拿到款項後便開始消極怠工，這時候承攬契約的定作人

（視負責監工的人是業主還是設計公司而定）則可以終止契約，及時止損。

　　但如果是約定好要定期驗收的日子卻沒有依照約定準時完成該完成的部分，這時候就稱為「遲延」。如果這樣工作逾期未完成的情形是可歸責於承攬人的情況下，定作人是可以請求減少給付的報酬或是請求賠償因遲延所生的損害。具體而言，在定型化契約中則是明白規定，如果雙方有發生違約的情形，可以向對方請求給付違約金，以契約總價 10% 為上限，逾期 1 日完成工程／付款，即應給付對方工程總價 1 ／ 1000 的遲延違約金給對方。

　　那如果當初約定的承攬契約是不在約定的期限內完成就沒有意義這種有期限利益的情況，就可以在遲延的時候解除契約，甚至在契約還沒到期前就預期承攬人無法完成，也可以提前解除契約。

　　從承攬契約來看可以發現要解除契約並不是簡單的事，這是因為解除契約的效果，是雙方回到最初沒有契約的原點。因此，對於承攬這種繼續性契約應該要嚴格解釋，原則上都應該透過「終止」來結束一個契約，使關係到此為止，而不是自始消滅它，以保護市場的穩定。

有原因才遲延也不行嗎？ 🔍

　　《民法》在一開始就有想到，契約的履行可能會因為一些人為也沒辦法控制的因素而有意外發生。狀況跟當初訂定契約時差得太多，是契約訂定時無法設想到的情況，當然會影響到承攬人履約的情況，可以想像到的例子就是當有不可抗力的事由發生時，在國際工程師協會的施工契約條款就有概括一些情況可供參考，比如：戰爭、敵對行為、叛亂、恐怖行動、革命或軍事政變；承包商或雇員引起的暴動或是罷工等行為；天災以及非由承包商所引起的軍需品或是放射性污染等情況。

　　那像 COVID-19 疫情所帶來的缺工缺物料呢？如果是疫情前開始裝潢的房屋可能不會想到這次的疫情會發生，而且影響還這麼廣泛且嚴重，這時候就可能有情事變更的情況，但如果是 2021 年才開始裝潢的房屋，就很難再用疫情當作遲延的抗辯理由，因為這是當初在規劃工期時應該要設想到的狀況。

　　而在約定契約時，雙方當事人也可以先就類似之後的這種情況訂有約款，即「對變更工程設計、天災、意外或非可歸責於被上訴人（包含房屋拆除、土地取得、管線遷移等可能需時甚久始得處理完竣）等情事，都已經明確約定為延展工期的事由」的情形，就難以說雙方當事人在締約當時沒有想到，而事後又要求要以情事變更事由作為遲延的抗辯。因此，如果想要避免紛爭，這些事情都是可以事先約定好的。

「小馬」的設計圖，小馬負責 🔍

　　小馬在買斷設計圖後，成為設計圖的所有人，雙方間也透過契約約定排除了 T 設計公司關於監工的責任，那麼小馬在後續與自己找的工班商量時，就要有與工班協調的能力，必須要能判斷誰的專業更有道理，工期的安排也必須一手包辦，對於最後是否能如期完工，就沒辦法再要求 T 設計公司負責。除非圖真的有問題，那麼才有可能按照契約的規定向 T 設計公司主張設計不當的責任。

　　也就是說，一般人在沒有相關知識或時間的時候，最好還是交給專業的室內設計師處理後續工程管理的部分，以避免工期的混亂，並且也能確保與工班的溝通順暢。當然如果是連施作都一併交由設計公司處理，也就是統包的方式，整體運作上也比較彈性，可以即時修正即時施作。

設計師事前溝通的注意事項 🔍

　　排定工期原則上是設計師的責任，因此與可信任的工班合作絕對是重點中的重點。那設計師在與業主間就工期安排的溝通上主要要注意的是「話不要說得太滿」，並且注意以下事項，以避免發生工程延宕或是其他法律糾紛：

1. 裝修老屋、裝修旺季時，記得裝修工期一定要拉長，以防突發狀

況的發生。

2. 工期安排必須要確實溝通，如果業主有不合理的工期要求也必須要說明設計公司這邊的困難，談妥後必須要透過紙本契約一式兩份保存，保障彼此的權益。若是真的無法達成業主要求，也不要硬接以避免日後上法院徒增煩惱。

3. 在監工時，也必須要確實監工，尤其是在重點工程上。

4. 若是有買斷設計圖由業主自行發包的情形，設計師可以做的包括製作更詳細、更嚴謹的設計圖，以協助業主日後與工班的溝通，而這部分當然也可以反映在設計費上。

法白提示

◆ 業主依照能力決定自行監工與否

依照《消費者保護法》的規定，定型化契約不可以牴觸行政院公告的「定型化契約應記載不得記載事項」。然而，如果是定型化契約範本，目前就是給業者跟業主之間參考用的，並沒有法律拘束力，雙方之間如果要約定的不一樣，也沒有問題。換言之，大家都知道設計業者對於自己出品的圖最了解，也是最適合跟工班溝通的人，因此在範本中訂定設計師的服務包括監工的部分，也是一個最理想的狀態。然而，如果要透過買斷設計圖另行尋覓工班也不是不可以，只是最好是在自己對工程實務也有一定了解，並且有時間可以進行監工的情況下再考慮這個作法，否則最好還是交由專業的設計師統籌。

相關法律與參考資料：

1. 行政院，〈建築物室內裝修—設計委託及工程承攬契約書範本〉，https://www.ey.gov.tw/Page/AABD2F12D8A6D561/fa2a805e-6612-45db-895c-dbbde93ea327。

2. 行政院，〈建築物室內裝修—工程承攬契約書範本〉，https://www.ey.gov.tw/Page/AABD2F12D8A6D561/0d15d1e1-5ee7-4878-9ccd-304f3e486dc7。

3. 行政院，〈建築物室內裝修—設計委託契約書範本〉，https://www.ey.gov.tw/Page/AABD2F12D8A6D561/8724fdf2-236f-4d58-b22b-4906648efd13。

4. 民法第 502 條、第 503 條及第 505 條。

5. 最高法院 106 年度台上字第 1047 號民事判決。

6. 侯英泠（2018），〈建物承攬定作人之預防性契約解除權〉，《月旦法學教室》，185 期，頁 12-15。

7. 姥姥，〈設計師出圖，工班自己找，會有什麼問題〉，https://www.courcasa.com/p/zdK。

8. 消費者保護法第 17 條。

9. 尤重道（2021），〈定型化契約之概念與法律效果暨實務見解分析〉，行政院消費者保護委員會（等著），《消費者保護研究（十七）》，頁 174-175，行政院消費者保護委員會。

10. 黃立（2011），〈工程承攬契約中情事變更之適用問題〉《政大法學評論》，119 期，頁 195-229。

Q27 設計師簽約前與裝修時要如何自保？

故事情境

　　小娜是一位年輕律師，專業的能力、懇切的服務態度，使他年紀輕輕就獲得不少客戶的信任，將不少困難的刑民事案件交付給他處理，同時憑藉著優良投資及儲蓄習慣，讓小娜相當早就存夠頭期款，在臺北市的精華地段購置房屋。

　　對於美學有獨到見解的小娜更傾向委請年輕的設計師替其設計，便透過友人介紹認識一位設計師小夫，洽談之初小夫所提出的想法每每能切中小娜之要點使其非常滿意，進而決議先付費委請小夫替其繪製設計圖，並約定設計圖之權利歸屬於小娜，待設計圖完工後，小娜再進一步評估是否要將裝修之個別項目全權交由小夫處理。

　　小娜於某日工作時收到小夫完成設計圖之電子郵件，經確認相當滿意小夫繪製之設計圖，小娜突發奇想將小夫之中文姓名輸入其正在查找判決之司法院判決系統進行搜尋，竟搜尋到小夫竟有多筆給付工程款案件判決以及遭多間工程行聲請准予核發支付命令之裁定，便決定不將執行裝修的工作交由小夫負責。

A： 了解業主可能在事前做好的調查與風險控管方法，並在裝潢期間做好證據保存。

而在詢問小娜是否委由其統包進行裝修時被婉拒，小夫感到十分委屈，沒想到過去的法律糾紛會影響至今。

解 析

　　一般民眾一生中購屋裝修的經驗通常屈指可數，往往需仰賴其他專業人士的協助，買賣或許可透過房屋仲介公司及建築經理公司、履約保證程序獲得相當大程度的保險；然而後續裝修較無妥善的單位可以尋求協助，業主和設計師事務所，作為契約對立之雙方，仍然可能擔心在過程中吃了悶虧而不自知，進而降低雙方的互相信賴，因此設計師若能換位思考，了解業主的事前調查和風險控管方法，便能提前避免陷入不被信賴的困境。

業主習慣找設計師、工程行要貨比三家　🔍

　　設計師、設計公司眾多，工程行、工班更是滿大街，業主要如何選取便有不少學問，筆者在此亦提供以下資料查找網站，供設計師參考許多業主在搜尋設計師或商家時的過濾機制：

1. 經濟部商業司商工登記公示資料查詢

　　既然都要委請設計師裝修或工程行包工程，其等有無合法之公司登記，便是初步可以篩選的條件之一，畢竟有合法登記的公司，無論如何都比來路不明的不知名人更值得信任得多，且登記資料可以查詢到公司登記地址、資本額、代表人姓名等資料，也都可再進一步查找相關資料或評價。

2. 司法院判決書查詢系統

　　有了公司名稱、代表人姓名等資料後，業主更可以透過司法院判決書查詢系統，以前二資料為關鍵字進行搜尋，進一步確認各該

公司有無曾經因為裝修案件涉訟，倘若查到不少判決，則或許要擔心該公司是否素行不良，因為時常與業主發生問題而涉訟，此種公司就可以事前剔除。因此，設計公司對自身接案或履約的情形應多加注意，畢竟有了前述這些公開資料的紀錄，相關糾紛所造成的後續影響，可能十分深遠。

契約簽訂時字字珠璣，紙本契約更要妥善保存

　　不僅是裝修工程，任何涉及雙方權利義務的法律行為，於涉訟時至為關鍵者即為「契約」之內容本身，因此，若要預防最根本的問題發生，就是契約內容千萬不可馬虎。施工規範同樣作為契約的一部分，施工規範內的內容與契約權利義務本身同等重要，設計師應完整向業主說明內容，以避免將來可能的糾紛，使自己吃大虧。

　　倘若不懂契約，設計師或公司均可同意雙方簽約時由他人陪同，也可以委任律師到場一同檢視契約內容，或將契約攜回審閱，另外委請律師審約，提供專業的法律意見及風險評估，以免因為誤判契約內容，諸如「應」與「得」二字於法律上即有全然不同之意，倘若一時未加以留意，造成日後有可能損失的風險。

永遠做最壞的打算，時刻做好證據保全

　　裝修過程往往歷經數月，可能遇到的問題也難以事前全部預

防，所以時時刻刻做好資料搜集、證據保全，即使將來真的發生爭執時可以理直氣壯之憑據，而證據本身不拘泥於任何形式，書證、人證、錄音甚至 LINE 對話紀錄皆可作為證據使用，以下即就此部分為說明：

1. 契約及施工規範的任何增刪修改，強烈建議均要以書面補充

契約之成立，雖不以書面為限，縱然是口頭上意思表示一致，也屬成立契約，然而口說無據，只要是與設計師或工班有對原契約的「任何」部分進行修改變更，皆強烈建議雙方對於修改或增補事項於契約上進行修改，哪怕只是木貼皮顏色，請務必不厭其煩地修改契約。至於工程予以延長、寬限，或涉及裝修項目之變動，重要性更不在話下，凡影響雙方任何權利義務之內容、條件變動，一定要重新修改契約或增補，以免將來涉訟淪為各說各話、無法舉證之窘境。

2. 不刪除 LINE 對話及圖片紀錄，更要「截圖」或儲存保留

若任何細項變動均要求重新更改書面契約，恐有實際執行上的困難，設計師也未必得時時刻刻配合，往往是透過 LINE 或其他通訊軟體即時處理，因此 LINE 對話紀錄或圖片即是現今最常被提出使用的證據方法之一，然而對話紀錄有可能遭他方收回，既經收回則難以確認，所以如同前述建議，只要是與設計師或工班有對原契約之「任何」部分有要進行修改變更之對話紀錄，於通訊軟體上更要「截圖」留存，以免事後發生爭執時發現對方早已將重要內容收回而死無對證。

3. 現場狀況紀錄

　　設計師凡有到現場確認屋況，均可以手機錄下影片留存，一方面紀錄房子裝修從無到有之過程日後紀念，一方面亦可作為各階段裝修狀況的證物留存，此舉無論是對設計師或業主，都是簡易但又能自保的方式之一。

發生問題尋求專業協助，以免錯過黃金時機 🔍

　　如果真的於裝修期間與業主發生任何爭議，而本身對此爭議處理無專業能力加以應對，請第一時間委請專業人士或機關尋求協助，謹記不要因為一時情緒或對方表現得非常急迫而貿然回應，一旦允諾、同意或為任何意思表示，都有可能影響到將來爭議處理時的權益。

法白提示 • • •

◆ 簽約前，設計師亦應多方查找資料

除業主會多方比較設計師、公司、工程行，透過資料查找，或許能發現素行不良的商家。設計師亦應時時刻刻為最壞的打算，做最妥善的準備；不懂就求救，尋求專業協助，最忌諱貿然行事，錯失良機。

相關法律與參考資料：

1. 經濟部商業司商工登記公示資料查詢網頁。

Q28 施工後變更材料與設計，怎麼處理才合法？

故 事 情 境

　　安東尼想開一間日式料理餐廳，因此委託賈斯汀處理室內裝修設計的相關事宜，賈斯汀依據業主需求，提出設計圖並報總價新臺幣 300 萬元後，雙方同意以此條件進行施工，之後賈斯汀雖然都按時進場依照安東尼指示進行施工，但安東尼卻不斷在施工期間要求變更設計及變更材料，賈斯汀雖反映這部分需要追加報價，但安東尼卻對賈斯汀的追加報價表示不諒解，認為賈斯汀追加款項太不合理。

　　雙方不斷僵持在變更設計與材料新增的費用是否合理的爭執上，眼看原訂要完成裝修的期限快要到了，賈斯汀對於到底要不要繼續完成裝修感到十分掙扎，一方面不希望工程都快結束了，雙方還不歡而散，一方面又不願意自己吃虧吞下新增的費用，因此十分困擾。

A： 評估契約約定事項是否合理，並將變更部分以書面確認。

解 析

法律上，符合一定要件時，自然可以追加款項 🔍

　　到底在什麼情況下，追加工程款項是可以被允許的，法院實務認為，依照《民法》上情事變更原則的要件，如果追加費用是雙方簽訂契約時不可預見的情況，自應准許調整契約總價，否則難謂公平；又或者是在施作數量與最初預估數量差距過大，或工作範圍變更導致工作範圍與雙方簽約時已不一致時，為了公平起見，自然有依約調整契約總價的可能。

　　廠商在一開始提出報價時，應該要確保報價的品項、材質、數量或金額都能具體明確，這樣之後面對追加施工的情形，自然可以釐清業主的追加需求是否有材質變貴、施工範圍變大或工法變複雜的情形，並藉此請求追加工程的款項。

　　像故事情境中的情況，雙方雖然已經約定好日式料理餐廳的設計內容，並定調裝潢價格為 300 萬元，但既然安東尼已經同意原先的設計圖內容，則事後安東尼另外提出的其他變更設計、材料變更，如果被認定屬於雙方締約時不可預見的變更，或是變更後的施作數量或範圍差距過大時，廠商自然可以要求加價。

內政部的定型化契約範本，對於變更追加也有規範 🔍

　　對於這種變更追加施工的情形，其實內政部對此早已有相關規範，依據內政部所製作的「建築物室內裝修—設計委託及工程承攬契約書範本」第 12、13 條就有規定：

第十二條　設計變更

經甲方書面通知乙方辦理下列變更設計項目時，乙方應配合辦理：

一、甲方於附件一之階段二、階段三檢視確定各該階段設計內容後，因變更需求，而導致乙方需重新辦理規劃設計。

二、未涵蓋於本契約內之新增或減少原服務項目及範圍。

前項變更設計服務費用依附件一估價單之單價，就各階段尚未服務完成部分，辦理設計服務費用追加減。其變更設計服務費用、支付期程及方式，由雙方另行協議定之。

乙方有下列變更設計項目時，不得向甲方要求增加工作期限及服務費用：

一、規劃、設計辦理期間，因政府法令變更而導致需辦理變更設計事項者。

二、原設計圖說未符合甲方要求之功能需求或可歸責乙方因素而導致之變更設計者。

三、乙方作有利於甲方之修改且經甲方同意者。

其他不可歸責於甲乙雙方之事由導致需變更設計時，變更設計費用由雙方平均分攤。

第十三條　工程變更

工程變更應依下列規定辦理：

一、本工程範圍及內容得經雙方同意後增減之，其增減部分如

與本工程契約附件內所訂項目相同時，即比照該單價計算增減金額；其增減項目與本契約附件有所不同時，應由雙方議定其金額。由甲方簽認後施工，並用書面作為本契約之附件。

二、增減工程價款之支付或扣減，雙方另行協議付款期程。

三、因甲方指示廢棄部分工程，其已訂購之成品、半成品之費用，由甲乙雙方協議處理。

四、設計變更、工程變更致使局部或全部停工，其合理延展工程期限，由雙方協議之。

　　首先依據定型化契約第 12 條規定，如果業主因「變更需求」、「新增或減少服務內容及範圍」，而以「書面」通知廠商進行變更設計時，廠商原則上並不得拒絕，但當然可以視情形向業主請求變更及追加設計的費用。

　　如果因為「規劃、設計辦理期間，因政府法令變更而導致需辦理變更設計事項」、「原來的設計圖說不符合業主要求的功能」、「可歸責於廠商的原因導致變更設計」、「廠商作有利於業主的變更設計且經過業主同意」這幾種情況，廠商是不能向業主要求增加工期或請領追加設計的費用。至於因為不可歸責於雙方的原因，導致必須變更設計時，變更設計的費用由業主與廠商平均分攤。

　　變更工程方面，原則上尊重雙方的協議內容，如果工程範圍變更追加的部分，是原先契約附件中的施工項目時，依照定型化契約

第 13 條規定，直接比照附件中的單價來計算變更追加工程的金額；如果變更追加的部分不屬於原先的施作範圍時，則由雙方議定變更追加的金額。而以上的變更工程，由業主簽認後進行施工，並將變更追加內容作為契約附件。至於新增加或減少工程款的付款期程、廢棄部分工程後產生的成品半成品費用、或變更後的工期安排，則由雙方另行協議。

追加施工可以口頭協議，但建議雙方要書面簽名確認 🔍

　　如果是未簽立定型化契約的情況，有時候雙方對於追加施工，會有一開始口頭同意，但事後卻反悔說沒有簽約不認帳的情形。但實際上這類型的裝修契約，並不以書面為成立或生效要件，也就是說在雙方口頭承諾意思達成一致時（包含在 LINE 等通訊軟體中的對話也算），契約就已經成立，書面協議在法律上並不是必要條件，但為了避免事後的各說各話，還是強烈建議就追加施工的部分，要有雙方書面的協議作為依據，如果面對後續可能的訴訟，也可以降低舉證困難，保障雙方權益。

◆ 以書面約定設計圖說、施工內容、材料、工期

發生施工追加項目的情形時，廠商害怕業主提了許多要求，但報價時又嫌太貴；業主面對廠商的追加報價，一邊擔心被索取高額費用，一邊又擔心施工已經做到一半，不接受報價是否會前功盡棄，最根本的方式還是雙方要針對設計圖說、施工內容、材料、工期等事項，在一開始就以書面詳加約定，如此在施工追加時，也可以一目瞭然追加範圍、追加成本，以利雙方得出共識，業主面對廠商提出的定型化契約內容，也可以留意是否符合內政部所製作的「建築物室內裝修—設計委託及工程承攬契約書範本」，如果定型化契約條款與內政部範本有所衝突時，依照《消費者保護法》第 17 條第 4 項規定，不符合內政部範本的條款將有無效的問題。

相關法律與參考資料：

1. 臺灣高等法院 107 年度建上更二字第 23 號民事判決。
2. 臺灣高等法院 102 年度建上字第 74 號民事判決。
3. 臺灣高等法院 102 年度上字第 1361 號民事判決。
4. 內政部製作，建築物室內裝修—設計委託及工程承攬契約書範本。

Q29 裝修完畢後發生損壞，設計公司一定要修好修滿嗎？

故事情境

曾有錢為了經營燒烤店，委託好棒棒公司進行店面的室內裝修，好棒棒公司於 1 月 1 日裝修完畢後交屋給曾有錢，雙方在契約中約定了好棒棒公司要為店面的裝修保固 2 年，沒想到過了 1 年燒烤店遇到奧客，烤肉還不夠，還燒了整間店，曾有錢損失慘重。

曾有錢想到本來就跟好棒棒公司約定好保固 2 年，現在才過了 1 年，還是在保固期內，於是曾有錢要求好棒棒公司應該負起保固責任，把之前裝修而遭毀損的部分整修到好，但好棒棒公司認為人為的損壞不在保固範圍內，因此拒絕再次裝修。

A： 會視裝修是否有瑕疵，以及是否有約定保固條款而定。

解 析

承攬瑕疵擔保責任可以保護曾有錢？ 🔍

一般來說，業者替顧客進行室內裝修，在《民法》中會被認定是「承攬」法律關係，所謂承攬，簡單來說就是指承攬人（設計公司）為定作人（業主）完成一定之工作後，由定作人給付報酬的契約關係。

設計公司對於工作，當然不是「完成」就好，而是必須是好好地完成。因此，**法律就特別規定設計公司對於工作成果應該要負一定的擔保責任，擔保工作成果具有契約約定或者是供一般情況使用的品質，也就是工作成果必須是「無瑕疵」的，這樣的法定責任就是「承攬瑕疵擔保責任」。**在這樣的擔保責任中，設計公司對於工作成果在一定期間內必須負「無過失」擔保責任，簡單來說，就是不管設計公司是故意或不小心，只要工作成果有瑕疵，業主都可以要求設計公司修補到好，如果瑕疵情況嚴重的話，業主甚至還可以要求解除契約或減少報酬。除此之外，如果工作成果瑕疵發生的原因歸因於設計公司，業主還可以向設計公司請求損害賠償。

這邊提到的瑕疵，當然是指在業主確認工作成果前所發生的瑕疵，如果是業主已經驗收點交後才因為使用不當發生的損壞，就不能算是瑕疵，設計公司當然也不用負責。所以曾有錢的燒烤店是後來因為顧客不小心而發生損壞，就不能說是好棒棒公司的工作成果有瑕疵，曾有錢雖然蒙受損失，卻不能以《民法》瑕疵擔保的規定要求好棒棒公司負責。

不過，如果是在驗收點交前就已經發生的損壞，只是在點交後才發現，還是屬於設計公司要負責的瑕疵，舉例而言，如果燒烤店的天花板因為水管沒接好後來發生大漏水，這時候曾有錢就可以要求好棒棒公司負責。

　　接下來你可能會問，這樣的擔保責任是無限期的嗎？其實不是，依照《民法》的規定，瑕疵必須要在一定時間內發現，業主才能夠行使相關權利，包括要求修補瑕疵、支付修補費用、要求減少費用、請求損害賠償或解除契約。而根據工作成果的性質不同，發現期間也有長有短，如果工作成果是建築物或其他土地上工作物，或是類似性質工作成果的重大修繕，發現期間是五年，如果其他的工作成果，例如訂製西裝，發現期限就只有一年。如果業主是在瑕疵發現期間經過後才發現瑕疵，前面提到的權利就不再受保障，設計公司是可以拒絕負責的，所以業主一定要好好注意相關期限。但要特別注意的是，如果設計公司基於自身的資訊優勢，明知道工作成果有瑕疵卻故意不告知相關狀況，法律也特別把發現期間延長到十年及五年，所以設計公司千萬不要有僥倖的心態，以免最後得不償失。

　　最後，如果業主明明發現設計公司的工作成果有瑕疵，千萬不能放著不管，畢竟法律是不會保護讓權利睡著的人，所以如果你在發現瑕疵的一年內，沒有主張自己的權利，依照《民法》的規定，你原本因為瑕疵的發現所取得的權利，會全部消失，這時候設計公司是可以不理你的。

契約的保固條款怎麼説？ 🔍

　　除了承攬瑕疵擔保責任，也常會在契約中看到「保固條款」，乍看之下保固條款的目的也是為了處理業主在完工後的一定期間內發現的瑕疵，兩者之間好像沒有差別，但因為承攬瑕疵擔保責任是基於法律規定而生的權利義務，而保固責任則是透過業主與設計公司間自行訂定的保固條款所產生的責任，兩者來源就不相同，而「保固」一詞雖然常常在各種工程或室內裝修契約可以看到，但是因為各家契約的保固條款內容也不盡相同，所以承攬瑕疵擔保責任與保固條款是不是可以直接劃上等號，可能就不一定了。

　　説了這麼多，保固責任到底是什麼？簡單來説，四個字，「因約而異」，設計公司究竟需要負擔保固責任的內容、範圍、期間，都必須從雙方簽定的保固條款來看，而沒有通案的規範，也因此，許多時候「保固條款」會被説是承攬瑕疵擔保責任的補充或變更。

　　當然，保固期間的長短，也是要看契約條款而定，一般常見的可能會約定一年或三年，而保固期間的起算，則多是從「業主驗收完成後」開始起算，對雙方來説都不吃虧。

　　至於保固的範圍，則多會排除業主使用不當、故意破壞或是正常使用的耗損，例如燈泡等，這部分與承攬瑕疵擔保責任的「無過失責任」相比，範圍就較為限縮。

工作成果有瑕疵到底是誰要負責？ 🔍

　　既然保固責任是「因約而異」，在實務上也就會發生保固責任與承攬瑕疵擔保責任打架的情況，其中最明顯的差異就是保固範圍，前面有提到承攬瑕疵擔保所負責的是工作成果完成前就已經存在的瑕疵，事後發生的就不算數，但是保固條款通常是設計公司對於工作成果能正常使用的保證，並不會特別注重瑕疵在工作完成時是否已經存在，換句話說，業主可以不用管瑕疵是不是工作成果完成時就已經存在，只要在保固期內，有不符合契約功能的情形，業主都可以要求設計公司負保固責任。

　　像是故事情境中，曾有錢如果是用行政院提供的「建築物室內裝修—工程承攬契約書範本」簽約，保固條款就會是「在保固期間內非可歸責於甲方之損壞者，乙方應無條件照圖說文件負修復之責」，而燒烤店的損壞並不可以歸咎於曾有錢，那好棒棒公司依照契約可能就必須幫曾有錢修到好；但如果簽約的條款有特別加註「但屬不可抗力或不可歸責於乙方之事由所致者，不在此限」，則因為燒烤店的損壞是不可歸咎於好棒棒公司，好棒棒公司也許就可以逃過一劫。

　　看完了前面的介紹，可以發現承攬瑕疵擔保責任與保固責任，有時好像是一樣的，有時又好像差別很大，這都是因為契約保固條款的具體內容不同，常常會造成保固責任有不同的樣貌，甚至在司法案例中，也會因為契約條款規定，造成法院對於兩者的解釋或說明略有出入。因此在簽約時，除了基本的《民法》規定外，對於契約條款中的保固規定，也要稍作留意，包括保固的範圍、期間都是

重中之重，不管是業主或設計公司都要好好思考後再下決定，以免自己的權益受損。

另外，當發現工作成果有「瑕疵」時，很有可能同時構成承攬瑕疵擔保責任及保固責任，而業主實際上要依照法律規定或是契約條款來行使權利，業主當然可以自己決定，不過《民法》與契約條款的規範內容不同，在行使權利時要特別注意，千萬不要混淆了。

法白提示　•　•　•

◆ 清楚定義雙方的契約條款與保固的具體內容

瑕疵擔保責任原則為工作物「交付」後 5 年，設計公司故意不告知的話，就延長為 10 年。如果超過瑕疵發現期間後才發現瑕疵，依法就不能再向設計公司主張有瑕疵。至於保固責任，則是由雙方特別約定的責任，並不受《民法》規定所限制，業主在驗收完成後的保固期內發現瑕疵，也可以依約請求設計公司改正。

相關法律與參考資料：

1. 民法第 490、492、493、494、495、496、498、499、500、501、501-1、502、506、514 條。
2. 臺灣高等法院臺中分院 110 年度上字第 396 號民事判決。
   臺灣高等法院臺中分院 109 年度上字第 122 號民事判決。
3. 臺灣高等法院臺中分院 107 年度勞上字第 45 號民事判決。
4. 臺灣高等法院臺南分院 106 年度抗字第 60 號民事裁定。

Q30 想將作品放入作品集，結果被業主告該怎麼辦？

故 事 情 境

　　阿哲畢業後在好棒棒設計公司磨練幾年後，決定與幾個好友決定出來創業，共同成立室內設計公司，並將之前受僱於前公司的作品整理成作品集。創業初期為了招攬客戶，阿哲提議委請專業攝影團隊來拍攝公司具代表性的設計案，並將成果放置在公司網頁，與臉書上室內設計相關社團。作品放上網後。果然吸引許多看了作品而來的客戶，公司業務也是蒸蒸日上，漸入佳境。

　　某日，阿哲來到公司就看到助理仔細地在研究一封信件。這封信的格式一字一格，乍看之下長得有點像作文稿紙。阿哲從助理手上接過信，看了信的內容，只見上面開頭寫道：「本律師謹受陳浩南先生之委任處理本事件。」，信接下來的內容大略是說：「公司未得到陳浩南先生同意，竟然私自於室內設計工程完工後，任憑設計、施工團隊以外的人員進入陳浩南先生的住家拍攝，且將照片上傳網路，嚴重侵害陳浩南先生的隱私權，請公司於收到信函五日內與律師聯繫商議賠償事宜，否則陳浩南先生將對公司提告。」

A: 取得前公司或業主的同意更有保障，也能減少糾紛。

阿哲問了一下助理才知道，這是公司裡另一位設計師的客戶，當初施作工程時，與客戶溝通上有發生一些不愉快，可能是因為這樣，客戶才會藉故來索要賠償。後續阿哲與其他公司夥伴討論之後，決定依照這個客戶提出的要求賠償、和解，以息事寧人，也避免這個客戶日後在網路上發布影響公司商譽的言論。

解 析

你的設計不全是你的設計 🔍

　　初出茅蘆的室內設計師進入室內設計公司任職，此時室內設計師與公司之間為聘僱關係。而在聘僱關係之下，即使設計是由受聘僱的室內設計師一人所構思、設計，如果沒有特別約定，室內設計師也只取得設計本身的著作人格權，至於著作財產權則為公司所有。也就是說，室內設計師只能要求在其所完成的設計作品表示其為著作人，而不能私自使用該等設計。

　　不過，由於《著作權法》是允許雇主與員工間就職務上著作的權利歸屬另作約定，因此聘僱契約中可能會特別制定智慧財產權歸屬條款。但此類條款通常由雇主撰擬，而會約定受僱人於職務上所完成的著作，包含著作人格權、著作財產權在內，均歸屬公司所有。所以說，室內設計師在簽署聘僱契約之時，應該仔細閱讀聘僱契約上的智慧財產權相關條款，審度能否接受雇主所提出的條件。

　　除了設計本身的智慧財產權問題歸屬外，實務上作品集所用來呈現作品的照片或影片本身也享有獨立的著作權。假使作品集中的照片或影片為公司委請專業攝影團隊，或自行派人拍攝，則該等照片或影片本身的著作財產權通常會約定為公司所有，即使是負責照片、影片中裝潢設計的室內設計師，在使用該等照片或影片，都應該取得公司同意。

　　總結而言，室內設計師如果在離職後，要想使用任職期間於職務上所完成的作品，除非事前有特別約定，否則宜先取得前公司的同意。不然，如果侵害了著作權，除了民事賠償責任外，還有刑事責任的問題，後續處理耗心、費時相當麻煩。

作品集引發的隱私爭議？ 🔍

　　一般人在尋找室內設計師時，多半會透過室內設計師的作品集來了解室內設計師的風格。許多設計公司也會在自家公司網頁，或是社群網站上發布作品照片，而臉書上也有許多室內設計的社團供室內設計師在上面刊載作品照片。

　　這些作品集中的照片或影片，多半是室內設計師實際承攬個案的完工照片，而施作的地點，經常是客戶的住家。法律上，個人住家被認為是隱私空間，未經同意侵擾個人住家空間，即可能侵害他人隱私與居住安寧。而隱私權與居住安寧權既然為法律所明文保護的權利，侵害他人隱私與居住安寧權，除了在民事上需賠償被害人慰撫金外，更涉及中華民國《刑法》第 306 條侵入住宅罪的刑事責任，最重可處一年以下有期徒刑，且如經法院判決有罪確定，也會留下公開判決紀錄。

作品集拍攝應如何取得客戶同意？ 🔍

　　首先，同意拍攝的相關條款，最好於委託設計合約中直接明訂。為什麼呢？實務上會就作品集拍攝發生爭執的情形，通常導火線不在「拍攝」本身，而是在拍攝之前的設計、施工階段，客戶與室內設計師或是施工團隊有所摩擦，雙方既然已有嫌隙，客戶自然不可能同意拍攝。假如又發生未經同意擅自拍攝的情況，事情恐怕就更加麻煩。因此，如果有拍攝作品集的規劃，最好在委託設計合約即

作成相關約定，即使後續並未進行拍攝作業也無妨。

　　其次，拍攝作品集過程中，為求完美呈現設計成果，室內設計師可能會考慮聘請外部的專業攝影團隊進行拍攝。假使是聘用外部的攝影團隊進入施工現場拍攝，而非由自己公司員工拍攝，必然會有施工、設計團隊以外的人進入現場，甚至需要架設燈光等攝影設備，對於客戶而言，可能非其預想之內，此種情形宜事先與客戶溝通，並且於條款內訂明，以免另生爭議，破壞了客戶關係。

　　在拍攝之後，照片或影片的用途也會是客戶所關切的重點，即使客戶同意拍攝，但雙方對於照片或影片的用途，可能有所出入。舉例而言，室內設計師基於行銷目的，可能會將照片或影片刊載於公司網頁，或是臉書、IG 等社群網站，但在客戶的認知，可能認為該等照片只會用於提供個別客戶參考，而沒有想到可能會放在網站上供人瀏覽。因此，照片或影片的用途或使用方式也應該在條款中明訂，說明照片或影片將用於行銷目的使用，並且可能刊載於公司網頁、臉書、IG 等社群軟體，或是以紙本或是電子檔的形式提供其他客戶參考，此一方面能讓公司取得的授權更加明確，另一方面也可以消弭客戶對於照片或影片使用的認知差異，以及可能遭濫用的疑慮。

　　附帶一提，前面故事情境所提到一字一格的信件便是大家常聽到的「存證信函」，其主要功能在證明曾經寄發過該信函以及信函的內容，而以存證信函的方式寄信，並不會因此發生什麼特別的法律效力，信函的法律效力仍須視信函的內容而定（例如說常見的催告履約）。實務上如果收到存證信函，其背後的涵義通常代表的是「我是認真要處理這件事」，而該存證信函如果是以律師名義寄發，

則代表發信方已經委請律師處理，且極可能要循求司法（訴訟）程序解決爭議，所以如果收到存證信函務必審慎處之，且不宜隨意回應對方，以免回應的內容日後成為不利於己的佐證。

◆ **應事前取得前公司同意**

室內設計師受聘僱時期所完成的設計，除有特別約定外，其著作財產權原則上歸屬於雇主所有，而雇主所自行或委請攝影團隊拍攝的完工照，也屬於公司的資產。因此，如果要使用於前雇主處所完成的設計以及照片製作作品集，最好先取得前雇主的同意或授權。

◆ **與業主溝通並在合約作成相關約定**

要拍攝室內設計作品照片或影片，由於涉及客戶隱私及居住安寧，因此必須事先取得客戶同意。客戶同意的內容應該包含允許拍攝所必要的人員、器材進入現場，以及後續對於拍攝後成品的使用。

相關法律與參考資料：

1. 著作權法第 11、12 條。
2. 民法第 184、195 條。
3. 刑法第 306 條。

附 錄

　　整本書看到這裡，會發現想要當個好的室內設計師，除了技術、設計美感外，還必須要注意與業主間的眉眉角角。不過，這些細節其實都可以靠事前的簽約，白紙黑字寫清楚，包含錢怎麼算、業主有哪些需求、設計所需的時間、智慧財產權的歸屬等，讓業主與設計師都可以有所依據，業主就不用擔心設計師漏東漏西，設計師也不用擔心業主變來變去。

契約到底要寫什麼？怎麼寫才是好契約？ 🔍

　　其實，不管是業主、設計師或承包商，在簽訂契約時，都可以初步參考行政院內政部所頒布的**「建築物室內裝修—設計委託契約書範本」**、**「建築物室內裝修—工程承攬契約書範本」**，其中就有針對設計或施工的面積、範圍、服務費用的估算、服務期間等內容作規定，雙方可以依照公版的契約範本進行協商與約定。

　　不過，行政院的契約範本只能說是基本款，對於業主、設計師或承包商來說，規範內容可能遠遠不夠。本書為了讓大家在事前可以先預想各種狀況，讓業主的錢可以花在刀口上，讓設計師能夠把心思放在規劃設計上，讓承包商可以安心工作，特別以行政院頒布的契約範本為基礎，調整部分契約內容，供各位讀者下載參考，並依自我需求調整。

 契約範本下載處

室內裝修契約三要件 🔍

不管是設計契約還是工程契約，又或者是設計加工程的統包契約，在簽訂時都要**注意核心的三要件，那就是：費用、時間及工作項目**，這三者對契約的擬定來說，就像是陽光、空氣、水一般重要。

首先，出來工作最重要的就是要賺錢。所以，**簽訂契約時，一定要把費用的計算方式或是總契約價金寫清楚，以免雙方最後對於設計費用或工程款的計算有爭議**。另外，在契約中也可以寫明收取費用包含哪些項目、不含哪些項目，以及如果遇到變更追加時如何調整等相關事項，盡可能寫得清楚詳細，未來發生糾紛的可能性就越低。當然，**簽約時也要把錢怎麼付，分幾期，什麼時候付清等細節都寫清楚，以免發生工作完成卻被惡意拖款的情形**。

不管是自住或開店，業主都希望整個裝修工程可以越快越好，因此在契約簽訂時，也免不了**規定履約期限**，要注意的是，設計師或施工廠商在簽約時，應該平實的規劃或評估所需要的作業期限，千萬不可以誇下海口，喊一個根本辦不到的工期，除了會讓業主有錯誤的期待之外，未來還可能會因為遲延履約衍生爭議。當然，業主如果想要督促設計師或施工廠商盡快完工，也可以考慮在契約中搭配訂定遲延的罰款或是提前完工的獎金。

最後是工作項目，不論是設計師或施工廠商，相信大家都會害怕遇到奧客，在履約過程中這邊要求一下，那邊拜託一下，光被業主吃豆腐，就讓整個工程做完還倒貼錢，而業主也會害怕遇到黑心廠商，在施工過程偷工減料，東邊扣一盞燈，西邊減一個插座，最後工程變成四不像。

這時候就需要在**簽約時明確講清楚工作的範圍**，包含需要設計師設計的範圍有哪些、施工廠商需要按圖施作的設計圖，都要在簽約時就講清楚，這樣履約時雙方才有一個依循的標準，不會各說各話，也不怕遇到奧客或黑心廠商。以下標示出契約的細節與重點：

設計契約眉角

除了前面提到的契約三要件外，在簽訂設計契約時，絕對要弄清楚「業主的特別需求」，雖然聽起來像是廢話，但卻是大大小小案件背後的血淚經驗，特別需求從預算規劃、格局設計到磁磚品牌、訂製品的尺寸規格等都要仔細確認，也可以在契約中把相關內容或細節當作是契約附件，除了有助於現場執行外，也可以使費用的計算、工期的規劃更為準確，尤其是涉及到必須要事前下訂單的進口產品，如果不寫清楚，後續業主不買單，一來一往後除了金錢的損失，還可能會連帶影響工期。

建築物室內裝修—設計委託契約書範本

立契約書人——消費者：　　　　　　（以下簡稱甲方）

業者：　　　　　（以下簡稱乙方）

乙方登記證書字號或專業證照字號：

茲因甲方委託乙方辦理室內裝修設計，經雙方同意訂立本契約，約定條款如下：

第一條 設計案名稱：

第二條 設計案地點：

第三條 設計面積及範圍

　　　約　　　平方公尺（約　　　坪）。（以實際設計面積為準）

　　　□預售屋：依甲方提供之建築物平面圖（自牆內緣量測）。

　　　□成屋：依實測面積（自牆內緣量測）。

第四條 甲方協力事項

　　　甲方應提供或委託乙方協助取得建築物圖說文件（如附件一），供核對現況及規劃設計參照之用。

　　　本室內裝修如應向政府機關申請室內裝修許可，甲方應提供申請所需證件及用印，並配合所需一切手續。

第五條 乙方設計服務範圍及服務費用估價

乙方設計服務範圍及服務費用估價應依下列規定辦理：

一、乙方設計服務範圍及服務費用估價如附件二。相關報價均含必要稅捐，如營業稅。

二、乙方之設計責任包含依法代為辦理本案室內裝修許可及消防審查申請。但不包括使用執照（用途）變更之申請。

三、如依甲方之指示可能使本案無法取得室內裝修許可或有違反相關建築法令之情形者，乙方應即時告知；如未即時告知，應賠償甲方因此所受損害。

四、乙方應本於善良管理人義務，依據建築法及室內裝修管理辦法等相關規定負責。

第六條 服務費用

服務費用應依下列規定辦理：

一、甲方應給予乙方設計服務費用共計新臺幣　　元（含稅，以下同）。

二、本案工程之施工，日後倘委由乙方承攬施作時，免計附件二之階段五之施工督導費用。

三、依法應辦理室內裝修許可或消防審核申請，由乙方代為辦理時，如發生審查費用及相關專業簽證費用，應由甲方負擔者，憑據按實核銷。

四、其他依法令應由申請人繳納之各項規費及稅捐，均應由甲方負擔，如由乙方代為墊付者，甲方應於乙方履約完成時結清。

第七條 服務期間及交付圖說義務

乙方服務期間及交付圖說義務應依下列各款辦理：

一、服務期間自中華民國　　年　　月　　日起至　　年　　月　　日止，共　　日。乙方各階段工作期程及甲方檢視確認所需時間，由雙方協議如附件三。甲方檢視確認所需時間，應自甲方接獲乙方通知之翌日起算。如甲方無正當理由未於期間內確認並通知乙方，經乙方再定相當期限催告，如仍未確認並通知乙方者，推定完成確認程序。

二、服務期限內，有非可歸責於乙方事由，或因甲方變更需求或增加履約標的項目或數量，或因不可抗力因素，而需展延履約期限者，乙方應於事故發生或消失後，檢具事證，以書面向甲方申請展延履約期限。

另外，從實務的室內裝修案例來看，有些業主會希望設計師可以代找工班，一條龍的從設計到施工都包辦，也有業主會自己另外找施工廠商。因此，在簽約時，也要先確認設計契約的內容有沒有包含施工，如果沒有包含施工，那有沒有需要辦理監造或監工的事務，避免日後雙方對於服務範圍有不同的認知，反而衍生諸多糾紛，事先問清楚，設計師也可以在成本、費用部分先行評估，減少賠錢的情況。

如果是設計帶監造的契約，那監造時間就是關鍵中的關鍵，畢竟監造時間越長，設計師所要花費的人力及時間成本也就越高，但是時間長短多掌握在施工廠商及業主，畢竟施工廠商的出工人數或業主臨時調整內容，都會直接影響施工期間的長短，所以在帶監造的契約中，最好要載明如果監造期間較預先評估的期間增加的話，要如何分攤或計算監造服務費用。

建築物室內裝修－工程承攬契約書範本

立契約書人——消費者： 　　　　　　　　（以下簡稱甲方）

業者： 　　　　　（以下簡稱乙方）

乙方登記證書字號或專業證照字號：

茲因甲方委託乙方辦理室內裝修工程，經雙方同意訂立本契約，約定條款如下：

第一條 工程案名稱：

第二條 工程案地點：

第三條 工程範圍

一、設計、施工、圖說、文件規格應經甲方同意，乙方應按設計施工圖說文件、估價單及施工範圍說明書規範確實施工，其圖說文件及估價單如附件。

二、契約所含各種文件之內容如有不一致之處，除另有規定外，依下列順序適用：契約條款、設計圖說、估價單、施工範圍說明書或施工規範。

第四條 工程施工期間

一、自中華民國　　年　　　月　　　　日起至中華民國　　　年　　月　　日止（工程施工進度表如附件）。

二、契約如需辦理變更，其工程項目或數量有增減時，變更部分之工期由雙方視實際需要議定增減之。

第五條 工程總價

一、計新臺幣　　元（含稅，以下同），詳如估價單。

二、契約所附供乙方投標用之工程數量清單，其數量為估計數，除另有規定者外，不應視為完成履約所須供應或施工之實際數量。

三、乙方為履約須進口自用機具、設備或材料者，其進口及復運出口所需手續及費用，由乙方負責。

四、契約規定乙方履約標的應經第三人檢驗者，其檢驗所需費用，除另有規定者外，由乙方負擔。

第六條 付款辦法

　　一、甲方付款方式應依下列規定辦理：

　　（一）本契約簽訂日，甲方支付工程總價 ％（最高不得逾 5%）簽約金計 　 元。

　　（二）依附件進行至節點 2：_____ 工程完成時，甲方支付工程總價 　 ％（最高不得逾
25%）計 　 　 元。

　　（三）依附件進行至節點 3：_____ 工程完成時，甲方支付工程總價 　 ％（最高不得逾
30%）計 　 　 元。

　　（四）依附件進行至節點 4：完工清潔時，甲方應支付工程總價 ％（最高不得逾 30%）計
　 元。

　　（五）全部工程驗收完畢並取得室內裝修合格證明且乙方將保固保證金交付甲方後，乙方得
向甲方申請結清本契約所餘款項。

　　二、保固保證金計 　 　 元（不得低於工程總價 5%），由乙方以無記名可轉讓定期存
單、銀行保證書、銀行本行本票、保付支票或無記名政府公債提供甲方為保固擔保，於保固
責任解除且無待解決事項後，由甲方無息退還給乙方。

　　三、甲方應自接獲乙方請款日起 　 日（不得少於 7 日）內支付，如甲方遲延給付者，應自遲
延之日起按年利率百分之 　 　 （最多不得超過 5%）計算遲延利息給予乙方。

工程契約學問

最後要來聊聊「消滅時效」，雖然與契約條款無關，但卻是實務上許多設計師與施工廠商吃悶虧的地方。

消滅時效，是指法律上規定請求權人可以行使權利的期限，在「法律不保護讓權利睡著的人」的概念底下，如果你超過期限才行使權利，對方是可以不理你的。依照《民法》第 127 條第 7 款規定，技師與承攬人的報酬請求權只有兩年，換句話說，如果廠商在兩年內沒有向業主請求付款，超過兩年以後，業主可以拒絕付款，這時候你只能叫天天不應，叫地地不靈，是沒有人可以幫你的。

看到這裡，設計師們可能會想我又不是技師，也不是承攬人，那這邊的時效規定跟我有什麼關係？其實依照司法實務的認定，所謂「技師」的報酬，是泛指一切為工程設計、監督的人，並不是單指依技師法規定取得技師證書的人，設計師的業務既然也是受業主委託辦理設計監造事務，當然也包括在《民法》第 127 條的範圍內。

所以在盡心盡力的完成工作後，也別忘了要跟業主催收款項，如果遇到惡意拖款的不良業主，千萬不要存著僥倖的心態，該借重法律的地方，一定不要客氣，否則最後吃虧的只會是自己。

第八條　代辦及其他費用

乙方代辦及甲方負擔之其他費用應依下列規定辦理：

一、依法應辦理消防查驗或其他申請，由乙方代為辦理時，其發生查驗費用及相關專業簽證費用，依約應由甲方負擔者，金額為　　　元。

二、其他依法令應由甲方繳納之各項規費，應由甲方負擔者，甲方應於簽約時或約定於預定申請送件日　　日前，全數預付，並於交屋時結清，憑單據核實多退少補。

三、工程施工前，乙方應先向有關單位辦妥預繳之保證金及施工期間社區管理委員會規定之規費及清潔費用等，公共區域如有因乙方施工造成損壞，乙方應付修復責任，並不得向甲方額外請求費用。

第十三條　工程驗收

一、乙方履約所供應或完成之標的，應符合契約規定，無減少或減失價值或不適於通常或約定使用之瑕疵，且為新品。

二、乙方於完工後應提供竣工圖，並依下列規定辦理工程驗收：

（一）本工程完工時，乙方應以書面通知甲方驗收，甲方應於書面通知送達之翌日起10日內會同乙方進行驗收。如甲方無正當理由未於期間內會同驗收，經乙方先後再定相當期限之書面催告二次仍未會同驗收者，推定完成驗收程序。

（二）經驗收發現瑕疵部分，乙方應於甲方書面通知或驗收紀錄所協商約定之期限內修繕，並依前款方式通知甲方再行驗收；乙方未於修繕期限內完成修繕者，經甲方催告，乙方仍未完成修繕者，甲方得另委託第三人修繕，所生費用得由未撥付款項支應。

工程契約學問

至於驗收作業，設計師與施工廠商一定要押驗收期限，避免業主藉故拖延，造成設計師與廠商的權益受損。後續的保固起算點、保固期限與保固範圍，當然也要事前講明，實務上也會將結構物與非結構物區分計算保固期限，如果進行的室內裝修有分別進行結構物與非結構物，建議也可以分別計算保固期限。

法白提示

• • • •

◆ **把在意之處全數列出**

簽契約看似麻煩，其實不然，只要掌握「把在意的點全部寫上去」的原則，即使瑣碎，即使麻煩，寫的落落長也比發生爭議後無所適從來的好，所以不要認為寫契約很麻煩，大家講好就好，畢竟實務上發生過無數次口說無憑的案件，現在耐住性子，白紙黑字寫清楚，相信未來的你會感謝現在字字計較的自己。

相關法律與參考資料：

1. 相關範本可至行政院網站（https://www.ey.gov.tw/Index）查詢（首頁＞資訊與服務＞消費者保護＞定型化契約範本）。

2. 除了這裡提到的設計委託契約書、工程承攬契約書外，其實還有設計帶施工的「設計委託及工程承攬契約書」也可以供各位參考選用，不過為了能夠清楚說明，前面舉例的契約條款還是把設計跟施工分開，避免大家混淆。

3. 契約條款中有提到「附件」，因為篇幅因素，就不在這裡占版面了，請各位去行政院網站下載參閱即可。

4. 民法第 125 條。

5. 民法第 127 條。

6. 民法第 128 條。

7. 最高法院 108 年度台上字第 1524 號民事判決。

8. 最高法院 92 年度台上字第 1603 號民事判決。

SOLUTION 152

設計人必知法律課：QA情境教學，搞懂智慧財產權×合約擬定×勞資法令

作　　者｜法律白話文運動：李仲翔、林大鈞、林誠澤、徐書磊、陳孟緯、蔡孟翰、蔡涵茵、蔡旻哲、劉時宇
責任編輯｜陳顥如
插　　畫｜古家瑄
封面&美術設計｜Joseph
編輯助理｜劉婕柔
活動企劃｜洪擘

發 行 人｜何飛鵬
總 經 理｜李淑霞
社　 　長｜林孟葦
總 編 輯｜張麗寶
內容總監｜楊宜倩
叢書主編｜許嘉芬
出　　版｜城邦文化事業股份有限公司 麥浩斯出版
地　　址｜104臺北市中山區民生東路二段141號8樓
電　　話｜（02）2500-7578
傳　　真｜（02）2500-1916
E-mail｜cs@myhomelife.com.tw
發　　行｜英屬蓋曼群島商家庭傳媒股份有限公司城邦分公司
地　　址｜104臺北市中山區民生東路二段141號2樓
讀者服務專線｜（02）2500-7397；0800-020-299（週一至週五AM09:30～12:00；PM01:30～PM05:00）
讀者服務傳真｜（02）2578-9337
E-mail｜service@cite.com.tw
訂購專線｜0800-020-299（週一至週五上午09:30～12:00；下午13:30～17:00）
劃撥帳號｜1983-3516
劃撥戶名｜英屬蓋曼群島商家庭傳媒股份有限公司城邦分公司

香港發行｜城邦（香港）出版集團有限公司
地　　址｜香港灣仔駱克道193號東超商業中心1樓
電　　話｜852-2508-6231
傳　　真｜852-2578-9337
E-mail｜hkcite@biznetvigator.com

馬新發行｜城邦（馬新）出版集團 Cite(M) Sdn.Bhd.
地　　址｜41, Jalan Radin Anum,Bandar Baru Sri Petaling,
　　　　　57000 Kuala Lumpur, Malaysia
電　　話｜603-9056-3833
傳　　真｜603-9057-6622
E-mail｜service@cite.my

製版印刷｜凱林彩印股份有限公司
出版日期｜2023年07月初版一刷
定　　價｜新臺幣499元
Printed in Taiwan　著作權所有‧翻印必究
（缺頁或破損請寄回更換）

國家圖書館出版品預行編目（CIP）資料

設計人必知法律課：QA情境教學，搞懂智慧財產
權×合約擬定×勞資法令 / 法律白話文運動作. -- 初
版. -- 臺北市：城邦文化事業股份有限公司麥浩斯出
版：英屬蓋曼群島商家庭傳媒股份有限公司城邦分
公司發行, 2023.07
面；　公分. -- (Solution；152)
ISBN 978-986-408-951-2(平裝)

1.營建法規 2.室內設計 3.施工管理

441.51　　　　　　　　　　　　　　112009203